JN142910

今日の買い物

新装版

岡本 仁
岡本敬子

001　小津安二郎の湯飲み

002　シグ・ゼーンのシャツ

003　タイのメモ帳

004　FBCDのメッシュキャップ

005　パタゴニアの
グラニュラージャケット

006　レインボー・フォールズの
蜂蜜

007　ジラードのフリース毛布

008　さかいのハンバーグ

009　リッサのミネラルウォーター

010　KAWSの
ショッピングバッグ

011　空也のもなか

012　イサム・ノグチの記念切手

petit fab! 001　ケネス・ジェイ・レーンのブレスレット

016　15 16 17の「エモーション」

013　マッターホーンのバウムクーヘン

019　ボルム・レ・ミモザのボウル

017　チャーリー・ブラウンのペーパーバック

014　VANS × Supremeのスケートチャッカ

020　近所の蕎麦屋

018　ジャック・スペードのマフラー

015　梅好の京ちらし

026　力餅家の福面まん頭

024　エルメスのスカーフ

021　オーボンヴュータンの
カラメル

027　P&Gのジョイ

025　ジェネラルリサーチの
フィールドジャケット

022　アダム・シルヴァーマンの
陶器

028　コンタックの風邪薬

petit
fab!
002　dosaの
ヘンリーネックシャツ

023　アンクル・ブブのモカ

034　一保堂のほうじ茶

032　キャトル・セゾンの
カフェオレボウル

029　ホグロフスのデイパック

035　サウス・チャウエンの
アイスクリーム

petit fab! 003　あけびの籠

030　マイク・ミルズの布袋

036　フォリオのラテンブレンド

033　Points de suspensionの
お茶請け

031　ロウ・インターナショナルの
キャップ

042　百苑の鍋焼ききしめん

petit fab! 004　レペットのダンスシューズ

037　ディプティックのキャンドル

043　近代美術館のジャン・プルーヴェ展

040　ハミルトンの腕時計

038　サヴィニャックのポスター

044　石丸製麺の讃岐うどん

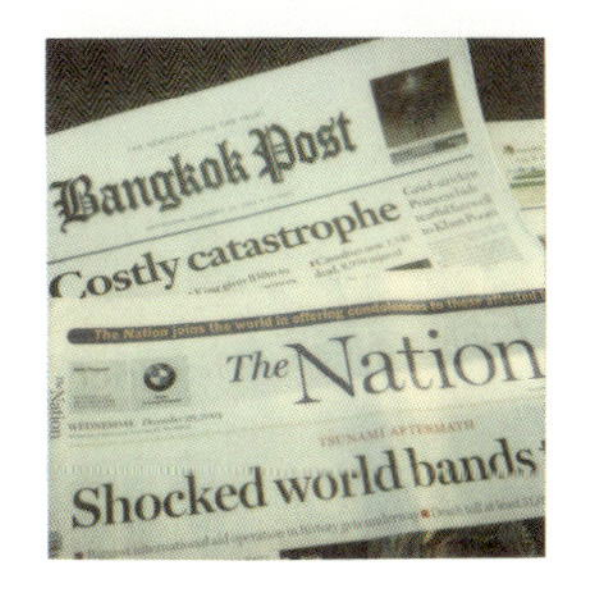

041　夕方のバンコク・ポスト

039　御霊神社の御神札

050　モノポールの
マコン・クレッセ

047　バッハの
チョコレートケーキ

045　サルヴァドールのレコード

051　庭のつるばら

048　レイバンのサングラス

046　木彫りの僧侶像

052　旧型のフィアット・パンダ

049　歌舞伎役者の手拭い

petit fab! 005　アヴェダの
ピュアフュームアロマ

058　ムアン・クレパンの
タイダンス

055　ヴィックスの加湿器

053　マーメイドカフェのBGM

petit fab! 007　タイのクラッチバッグ

056　夕月の春雨サラダ

petit fab! 006　ミーガン・パークの布バッグ

059　憧れの喫茶店

057　セントメリーフジヤマの
ビニール袋

054　たちばなのかりんとう

065　輪島塗の皿

062　市場のコーヒーハウス

060　増田屋の木綿豆腐

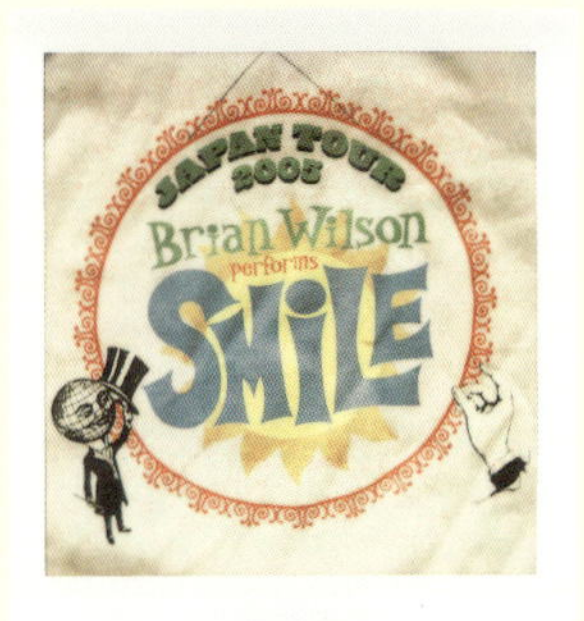

066　ブライアン・ウィルソンの
スマイルツアー

063　田田のおにぎり

petit fab! 008　イマックのバレッタ

petit fab! 009　クラランスの
ボーム アプレ ソレイユ

064　末富の両判

061　マノーラのえびせん

073　東京會舘の
サンドウイッチ

070　ダネーゼの
ペーパーウェイト

067　G.O.D.のシャツ

petit
fab!
010　KICKAPOOの
フリンジショートブーツ

071　タスヤードのサボテン

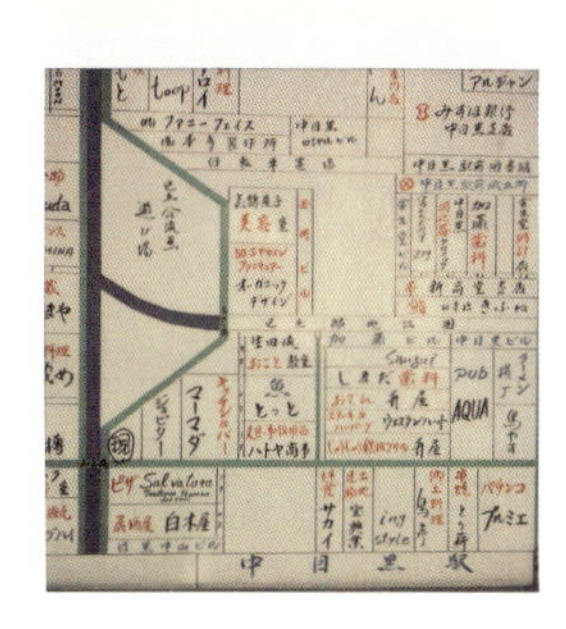

068　オーガニック・カフェの
カフェディッシュ

074　メキシコの骸骨人形

072　デメルのチョコレート

069　日本橋の大手饅頭

petit fab! 011　TNA BY LISA LOZANOのビキニ

078　ブルーミングデイルズの紙袋

075　魚竹の銀嶺立山

081　ウエストのマロンシャンテリー

079　ロゴスキーのつぼ焼き

076　ドイスのミサンガ

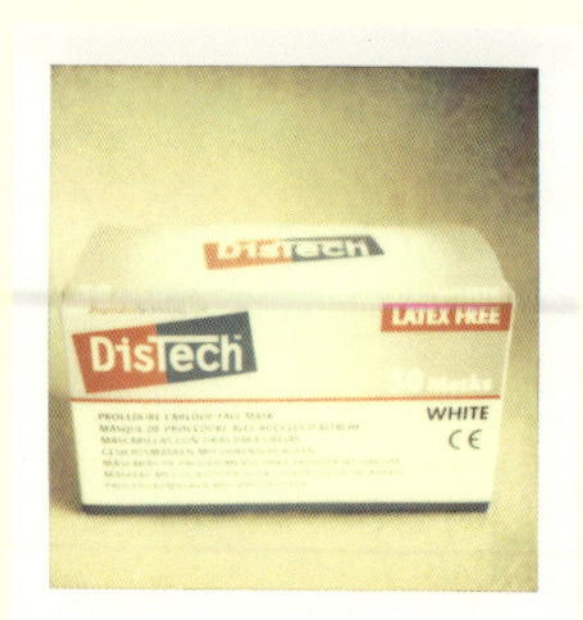

082　ディステックのマスク

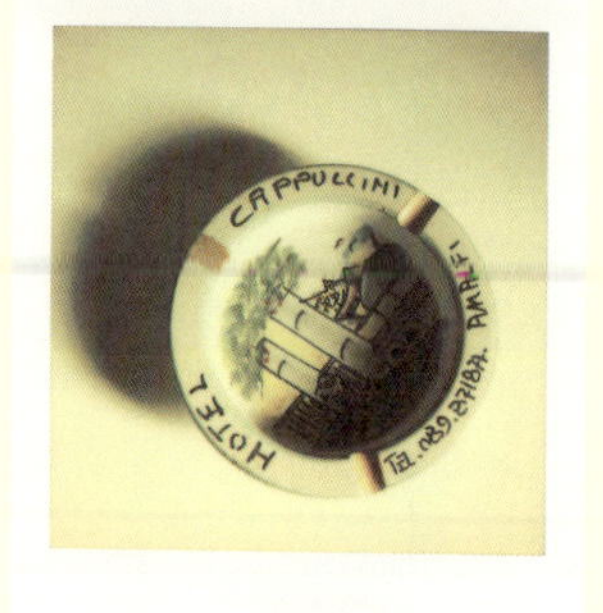

080　アマルフィの灰皿

077　赤絵の飯茶碗

088　コピーの写真集

086　カリフォルニアの
ピノ・ノワール

083　クイックシルヴァーの
Tシャツ

089　ビオットのグラス

petit fab! 012　dosaの
ティアードスカート

084　鰺の押し寿し

090　リサ・ラーソンのアザラシ

087　ローザー洋菓子店の
チョコレート

085　今年のビーチサンダル

096　大佛茶廊の紅梅

093　クラッカーの
ヒッコリーストライプ

091　おさきの新とり菜

petit fab! 014　エクアドルのパナマ帽

094　ターコイズの指輪

092　ナイーフのロッシェ

097　タートル・ベイの
パイナップル

095　島の時間

petit fab! 013　ケイト・スペードの
サングラス

103　リュ ファヴァーのエクレア

101　食後のアルマニャック

098　ラッセルライトの
ティーポット

104　焼き締めの急須

102　ゴーティーのCD

099　イームズの椅子

105　趣味の買い物

petit fab! 015　PAUL ROPP×KICKAPOO
のキャミソール

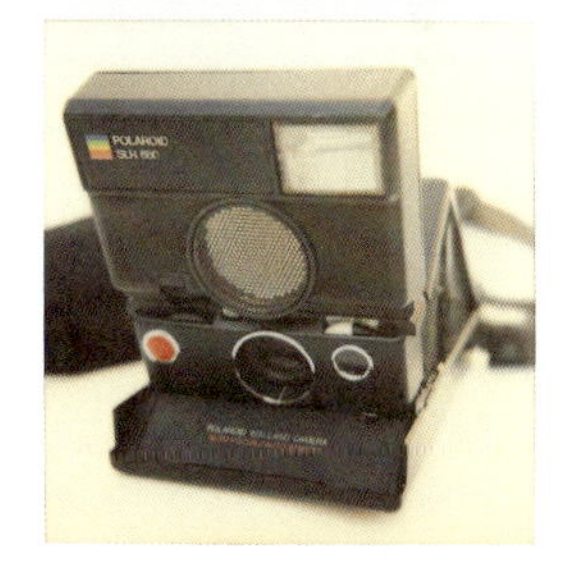

100　中古のポラロイド680

新装版のためのまえがき

本書は2005年にプチグラパブリッシングから出版された『今日の買い物。』の新装版である。収められた文章は、2004年11月18日から2005年3月21日の間にブログで公開したものだ。

一日にひとつ、自分が買った何かについて書き留めておこうと思ったきっかけはいろいろあったような気がするが、いまそれをうまく説明することはできない。当時勤めていた出版社の人事異動によって編集部が変わり、テキストを大量に書くということをしなくてもよくなったため手持ち無沙汰だった。尊敬するイラストレーターの原田治さんが始めたブログがとても面白かったから、自分でもやってみたくなった。自分が作家で新聞連載を持っていると想定した「文豪プレイ」をやってみようと思った。そんな理由だったろうか。買い物の話だったはずなのに、買い物とはまったく無縁の文章を書いているし、途中で買い物なら人後に落ちないと自負するカミさんも加わった。それらをまとめたものである。

出版からすでに14年、その間に閉店してしまった店、廃番になってしまった物などが多数ある。それだけでなく、いまや情報量が爆発的に増え、買い物が楽しみではなくストレスになる世の中であるらしいから、買い物を投票と考えてエールを送るように何かを手に入れる、一度お金を払って自分のものにしてみないと何も学べない世代の愚かさを笑われるだけかもしれない。それでも、こんな生活もあったという記録になっているとは思う。新しい読者が、いまこの本を読んでどのように感じるか、とても気になる。

2019年 初秋　　岡本 仁

001

小津安二郎の湯飲み

　このところ友人のエイサクと飲むときは、決まって無意味な愚痴ばかりになってしまう。代官山の小料理屋のカウンターで、ぽつりぽつりと何かを思い出したようにぼやく、若いのか年をとっているのかわからないこの2人客は、さながら小津安二郎の映画の中で酒を飲んでいる笠智衆と東野英治郎のようだ。もちろん、思い切り贔屓目に見ての話である。そういえばエイサクは最近やたらと「小津の映画が身に沁みるようになった」と言う。薦められるままに小津のDVDボックスを買って観直してみた。15年以上前にLDで繰り返し観ていた頃に比べ、面白いと思う部分がかなり違っている。あの『お早よう』でさえ、兄弟の「おなら」についてのやりとりより、笠智衆の何気ないセリフが胸に響く。

　仕事場で郵便物の整理を終え、次の約束までちょっと時間があいたので以前から行こうと思っていた銀座8丁目金春通りの「東茋」[※1]を覗いてみることにして出かける。勝手に師と仰ぐ原田治さんから教えていただいたその店は、京焼の食器を扱っていて、小津安二郎が愛用していた湯飲みと同じものが売られている。京焼といえばきらびやかなものと思いこんでいたが、ここで見るそれはまったく印象が違った。小津が普段遣いをしていたという湯飲みは残念ながら品切れで、そちらは取り寄せてもらうことにして、法事に使ったという〈朱彩　腰染菊透かし〉の湯飲みを買った。法事に使ったというのが、実際に小津家の法事に使ったという意味なのか、それとも法事のシーンで使ったということなのかはわからない。なんとなく映画の中でこの湯飲みを見たような気もするけれど、[※2]そもそも法事のシーンで始まる映画が『秋日和』だったか『秋刀魚の味』だったか『彼岸花』だったかが判然としない。自分の中では小津映画といえば後期の作品で、すべての印象的なシーンと科白がつながったメガミックスとして記憶されているのだ。ちなみに小津の最高傑作とされることの多い『東京物語』はあまりに悲し過ぎて好みではない。小津好きに叱られそうだが、小津はカラー作品にかぎると自分は思っている。

※1　東茋の「茋」に「ノ」がないのは、前のご主人が「完璧ではない」ということを表すために「哉」の字から「払い」を取ったからなのだそうです。

※2　ちなみにこの湯飲みは、『彼岸花』（1958）の中の、山本富士子と有馬稲子が、分からず屋の親に対抗する娘同士の同盟を結ぶシーンで使われていたのを確認できました。

大湯呑 朱彩 腰染菊透かし　　**東茋銀座本店** www.to-sai.com

002

シグ・ゼーンのシャツ

オガヤンがハワイ島に行くと言う。「ヒロですか？」と尋ねたら「コナに泊まって、ヒロはドライヴがてら行こうと思っています」とのことである。「ハワイ島に行くのに、ヒロに泊まらないなんて」と嘆いてみせたが、考えてみたら自分はコナには行ったことがない。ヒロも2回しか行ったことがない。通算で1週間ほど滞在しただけだ。だから、オガヤンはそんな無責任な男の役に立たない助言を聞かずに、さっさとコナに行き、レンタカーをヒロまでとばし、シグ・ゼーンの店でシャツを買って、東京に帰ってきた。そのシャツは、[※1]もし時間があったら買ってきてほしいと頼んだものだったのだが、彼女は代金を受け取ろうとしなかったので、恐縮しつつもありがたくいただいた。

シグのシャツは家の近所の「G.O.D.」でも売っている。今年の夏はそこで買ったものばかり着ていた。半袖のプルオーヴァーのボタンダウンシャツ。おそらく生地だけを仕入れ、デザインはG.O.D.がやっているのだろう。襟が小さくて着丈が短い独特のシルエットで、ボタンは厚手だが小さい。それはそれですごく気に入っているが、ヒロのシグの店で買ったものは、同じ半袖プルオーヴァーのボタンダウンでも、襟が大きく全体に縦長なシルエットで、ココナッツのボタンは薄く大きめ。そのいなたい感じがヒロらしくてとても魅力的だ。オガヤンからもらったシャツは、いままで自分が知っているどれともムードが違うような気がした。もしかしたら新しいデザインがどんどん生まれているのかもしれないと思いホームページを覗いてみると、見たことのない色と柄のシャツが、モチーフにした草花や樹木の意味を解説した言葉とともにたくさん並んでいる。前に友人の紹介で会うことができたシグ自身が、自分の着ているタロイモの柄のシャツを指さしながら、タロがハワイの人たちにとってどういう意味を持った植物かを深く優しい声で説明してくれたことが頭に浮かんできて、気がついたら購入ボタンをクリックしていた。オンラインで注文した2枚のシャツは1週間もしないうちに届けられた。

※1　オガヤンが買ってきてくれたのは〈Loulu（ロウル）〉というハワイ原産の椰子の柄。もともとは印刷物のためにデザインしたものをあらためてテキスタイルにしたようです。写真のものはオンラインショップで購入した〈Wakue/Niho Mano〉という柄。

半袖プルオーヴァーシャツ　**SIG ZANE DESIGNS**　www.sigzane.com

003
タイのメモ帳

「古本屋と中古レコード店のない場所には行かない」と豪語してきたが、そうやって集めた古本とレコードが部屋のほとんどのスペースを占領している馬鹿馬鹿しさに鼻白む（はなじろむ）年齢になった。そんな時期に、カミさんに言われるままタイの小さな島に行ってみた。何もすることがない、何も買うものがない島。それからは休暇がとれるとなると喜び勇んでそこに通っている。朝飯のときは昼飯に何を食べるかを決め、昼飯のときは晩飯に何を食べるかを決め、晩飯のときは明日の朝飯に何を食べるかを決める。食事以外に特別な予定はない。あとは本を読んで海を眺めて、雨が降ってきたら部屋に逃げ帰り、晴れてきたらまたデッキチェアで本を読んで海を眺める。日々その繰り返し。極楽だ。

　とはいえ、ほんとうに何も買うものがないのかとあらためて問われると、確かに古本や中古レコードはないが、何も売っていないということではない。少しだけ涼しくなった夕方にホテルを出て町に行く。アトラスという名の、やる気のない感じのスーパーマーケットに入り30分ほど商品棚を眺める。いつ行っても品揃えは同じなのだが、気になるものが見つからないこともない。妙にファンシーな文房具類を並べた一角に、場違いなくらいシンプルなメモ帳があった。新品かどうか疑わしくなるようなトーンの黄色い表紙に番号がふってあって、それぞれ大きさや中のフォーマットが違っている。領収書のようなものが多く、印刷されたタイ文字が面白かったりするけれど、実用的ではないので、ポケットに入れられる大きさで中が白い紙[※1]のNo.4を選びレジに持っていく。結局、買い物はしているのだ。言い訳ではないが、これはおみやげとしても重宝する。ただし、表紙のいちばん目立つところに値札が貼ってあって、それがまた粘度だけはやたらしっかりした値札だから、無理にはがそうとすると表紙ごと破けてしまう。値段をつけたまま渡さなくてはならない。7バーツだから約21円[※2]。安く見られたものだと思われはしないか、いつも内心ヒヤヒヤしながら友だちに渡しているのである。

※1　ここで言う「白い紙」とは、何も印刷されていないという意味で、粗悪な紙なので実際は日焼けして黄ばんだ古紙のような色です。

※2　ガイドさんに「ここはタイでいちばん物価の高い島」と言われたことがあります。バンコクあたりではさらに安いものなのかもしれません。

メモ帳 NO.4

004

FBCDのメッシュキャップ

ロサンゼルスに住むジェフ・マクフェトリッジからメールが来た。藤沢にあるサーフショップでウェットスーツを買って送ってほしいと言う。自分は彼の絵が好きなので、それならドローイングを描いてくれないかと返事をしたら、彼もその案に賛成してくれてトレードが成立した。絵とウェットスーツの交換。なかなか良い。しかし自分はサーフィンをしないから、ジェフのメールに書いてある細かい指定が何のことかさっぱりわからない。それでSくんに相談した。サーフィンをやっていると言っていたのを思い出したのだ。週末なら同行できると言ってくれる。ジェフが指定してきた店はSくんもよく行く所らしい。日曜日に藤沢駅のスターバックスで待ち合わせて、彼の車で目指す「California」に向かった。

とても広い、というよりも、とても広いと感じさせるゆったりとした独特のムードがあって、店内に人はいるのだが、どの人がスタッフでどの人が客なのかがわからない。Sくんは別に何を気にするふうでもなく、のんびり古着を見ている。そのうち自分も懐かしいパタゴニアのシンチラカーディガンやデニムが気になってきて、勝手に着たり脱いだりしているうちに、店のご主人が帰ってきた。たぶん波乗りに行っていたのだろう。ジェフのウェットスーツのことを話すと、サイズや仕様をもう一度くわしく確認しなくてはならないことがわかった。結局、レングスがぴったりのユーズドのリーバイスとアムステルダムのスウェットを見つけたので、それを自分用に買って帰る。でも、その日、いちばん欲しいと思ったのは、実はSくんがかぶってきたメッシュキャップだった。どこで買ったのか尋ねると、友だちと一緒にやっているブランドのものだと言う。ブランドといってもまだ実体はなくて、ブランドのキャラクターやロゴデザインだけがあり、このメッシュキャップも市販のものに勝手にロゴワッペンを縫いつけただけなのだそうだ。それから4週間ほどして、Sくんは新しいメッシュキャップにワッペンを縫いつけて持ってきてくれた。

見たことのないロゴ[※1]がついている。我慢できずに

※1　四つ葉のクローバーの葉っぱがロングボードになったマークの横にFOUR BOARDS CLOVER DESIGNと書いてあります。その他に、キャラクター（アフロヘアのサーファー）設定などもきちんとしてあって、このままずっと実体のないブランドでいるのも面白いんじゃないかと思ってしまいました。

RIBU/FBCDのメッシュキャップ　非売品

005

パタゴニアのグラニュラージャケット

　久しぶりに鎌倉に帰った。駅からまっすぐ家に向かえばいいものを、ちょっと遠回りしてパタゴニアに寄りたくなり、寄ればそうなるに決まっているが、欲しいものがあって買ってしまった。オレンジにするかグレーにするかずいぶん迷って、無難なほうを選ぶ。色は渋いがデザインは意外に派手だと思ったからだ。パタゴニアは企業イメージが不変なので、いつも同じものを扱っているように思われるかもしれないが、フリースジャケットにしてもパーカにしても、毎シーズン、細かく修整が加えられていたり、素材が格段に進歩していたり、あるいはデザインそのものが大きく変わっていく。いま買い逃したものが来年もあるという保証はほとんどない。だから、いいと思ったらすぐ買う。

　しかし、クライミングをやるわけでもない、スノーボードをやるわけでもない、山歩きすらしない自分が、毎年、新しいフリースジャケットやクライミングパンツを買ったりするのは何故なのだろうか。いま自分の持っているフリースジャケットの数をかぞえてみたら、この新しいのを加えて8枚だった。[※1] 答えは簡単だ。「陸気分(おかきぶん)」なのである。サーフィンができないのに、クルマのルーフキャリアにボードを積んで走る「陸サーファー」の「陸」。ずいぶん前に、友人のアキラからいろいろ吹き込まれて自転車にはまったときは、MTB2台とBMX1台を所有していたが、どれも2〜3回乗ったきりで、最後は知り合いに譲ってしまった。およそ動く気などゼロのくせに、アクティヴな自分を夢見てしまうのだ。ちなみにアキラという男は、他人の陸気分を煽(あお)るのがうまい。ついついその気にさせられる。しかも、陸の権化のような顔をして、こっちの陸気分を盛り上げるだけ盛り上げておきながら、自分自身はほんとうは非常にアクティヴな男なのである。そのアキラが最近しきりに「キャンプに行こう」と誘うが、オーヴァースペックな防寒服を着て恵比寿を歩いているくらいでやめておかないと、家にテントが5張りと寝袋が4つと焚(た)き火台2つなどという事態を招きかねないので、警戒している。

※1　あくまで持っている枚数で、買った枚数ではありません。フリマで売ってしまったフリースも加えたら軽く20枚は超えていそう。

メンズ R2 グラニュラージャケット　　patagonia　www.patagonia.com/japan

006 レインボー・フォールズの蜂蜜

いつか蜂を飼えたらいいなと思う。前に盛岡の養蜂場を訪ねたときに、巣箱の中で低い羽音をたてている蜜蜂の群を触らせてもらったことがあるが、驚くほど温かくて、手のひらに犬や猫の腹を撫(な)でてやっているときのような気持ち良さがあった。さらに、町で買ってきたばかりの食パンに、ナイフでこそげおとした蜜蠟をつけてもらい食べたが、こういう味を「滋味」と言うのだろうと思った。

世の中に美味しい蜂蜜はたくさんあるに違いない。どの味が良いかは、それが純粋な蜂蜜であればあとは好みの問題だろう。そういう前提で自分の好みを言うと、盛岡の養蜂場で買って帰った金柑(キンカン)の蜂蜜※1と、友人の両親が住んでいるコート・ダジュールの小さな町で食べたラベンダーの蜂蜜※2と、ハワイ島ヒロの郊外にあるレインボー・フォールズで買ったマカダミアナッツの蜂蜜がいい。いま食べているのはこのレインボー・フォールズの蜂蜜である。ヒロの町からいちばん近い滝の横にあるみやげもの屋※3で売っていたもの。小さなパンとサンプルの蜂蜜が3種類くらい置いてあって、味見をしてみたら、マカダミアがいちばん美味しかったのでそれを買った。その日の夜、夕食を食べにホテルのダイニングに行くと、連れのホンマタカシさんが新しいキャップをかぶってきた。その赤いキャップにはレインボー・フォールズのロゴが入っている。そんなものが売っていたとは気がつかなかった。不覚だった。その悔しさがずうっと忘れられなくて、いつか機会があったらレインボー・フォールズであのキャップを手に入れようと思っていたが、2年目にそのチャンスが訪れた。しかも泊まりはレインボー・フォールズのすぐそばだ。翌朝、勇んでみやげもの屋に行き、ロゴが入った赤いキャップが欲しいと言うと、「あれはもう作ってないよ」という返事。仕方がないのでマカダミアナッツの蜂蜜を食べきれないほどたくさん買って帰った。蜂蜜をたっぷりとつけたトーストを食べるたびにあの赤いキャップを思い出す。ホンマさんはそのキャップをとっくに失くしてしまったらしい。

※1　社民党の屋上に巣箱を据え、皇居の中の花々から集めた蜂蜜ということでした。
※2　名前を覚えていません。プラスチックの大きなカップに入っていて、すごく簡単なラベルが貼ってあるだけだったから、近所の養蜂家から直接分けてもらっていたのかもしれないです。
※3　RAINBOW FALLS CONNECTIONというNPO（非営利組織）が経営する店のようです。

HAWAIIAN MACADAMIA NUT HONEY　www.rainbowfallsconnection.com

007

ジラードのフリース毛布

ユニクロで買い物をした。プレミアムダウンが欲しかったからだ。実は、1ヵ月ほど前にすでにパタゴニアでダウンジャケットを買っているのだが、ポーランド産のダウンを90％以上も使っているものがあの値段で買えるのなら、これはやはり手に入れなくてはと思ったのだ。だったら、いつもは絶対に買わないオレンジ色がいい。

ユニクロで買い物をするのはとても緊張する。その理由を正確に言葉にするのは難しい。これまでほとんどユニクロで買い物をしたことがないので、慣れればまた違う気持ちになるのかもしれないが、とにかく、一切のムダをはぶいてますという店内のあの雰囲気は、ここでもたもたしてみなさんの貴重な時間をとらせてはならないと自分を焦らせるのである。とはいえ、洋服である。果たして似合うのかどうか、着たり脱いだり鏡を見たりしなくては納得がいかない。だから、オレンジのダウンジャケットを着てみる。Mでいいと思ったがすごくタイトだ。焦る。Lを着る。焦る。細身のシルエットでちょうどいいような気がした。レジの前の棚のいちばん下にあったジラードのフリース毛布[※1]も買うことにして一緒に精算してもらい、家に帰った。あらためて床に置いてダウンジャケットを眺めてみる。肩幅を思い切り狭くして全体を絞ったシルエット。ユニクロもずいぶん大胆なことをするなと感心しながら、待てよと思い、タグを確認する。案の定、ウィメンズのLだった。どうしてレジで言ってくれないんだろう。「お客様、これは女性用ですがよろしいですか？」と。ジラードのフリース毛布と一緒に出したから、プレゼントとでも思ったのだろうか。まあ、試着して前合わせが逆なことにすら気がつかないこっちが悪いのだが。電話をして交換をお願いした。[※2]返品の際に、またジラードのフリース毛布の色違いを買う。アレキサンダー・ジラードをフリースにするなんて、たぶんユニクロしか考えないのではないだろうか。ひざ掛けにちょうどいいサイズで温かい。そして安い。素晴らしいと思う。もうちょっと目立つ所に置けばいいのに。

※1　自分が買ったのは〈Op Art〉と呼ばれるパターンのもので3色揃っていました。他に〈Quatrefoil〉という花柄も3色あって、個人的にはこのパターンとフリースの相性はあまり良くないと思います。その後、さらにアルファベットのパターン〈Alphabet〉も3色、出ました。

※2　返品交換に関する対応はパーフェクト。

alexander girardのフリース毛布

008

さかいのハンバーグ

時分時(じぶんどき)に中目黒を歩いていて「さかい」のハンバーグが食べたくなってしまった。だが、残念ながらさかいはもうない。前に知り合いに会ったとき、「先月いっぱいで閉店しましたという紙が貼ってある」と聞かされた。それから数日してさかいの前を通ると、39年だったか40年だったかのご愛顧を感謝しますという内容の貼り紙がしてあった。さかいを教えてくれたのはNくんだ。１９９5年だったと思う。一緒に仕事をした後に、近くにいい洋食屋があるからそこで昼飯にしようと連れていかれた。「チーズ焼きがうまいねん」と薦められたが、それには気乗りせず、ハンバーグを注文した。自分にしては珍しく、いつそこに最初に行ったかを覚えているのは、さかいで昼飯をすませた後に、Nくんが「近所に面白い店がある」と言いながら、さらに川沿いを歩き古いマンションの1階にできたばかりの小さな家具屋に連れていってくれたからだ。その店は「オーガニック・デザイン」[※1]という名前だった。その日からオーガニックとの長いつき合いが始まった。それは同時にさかいを知った日でもある。

ちょうど半年くらい前、いつものようにさかいでハンバーグを食べていて、ふと「この20席くらいの店で昼と夜合わせて客が4回転したとしても、1日の売り上げは8万円に満たない。材料費や光熱費などを差し引いたら残る金額なんてたかが知れているんだな」と思った。さかいは調理を担当するご主人と、たぶん奥さんだろう女性の2人で切り盛りしている店だったが、狭い調理場で他の客たちの料理を作っているご主人の姿を見ながらそんな考えがアタマに浮かんだとたん、急に切なくなった。さかいが自分が入りたいときにそこにあり続けて、美味しいハンバーグを食べさせてくれるというのは、ほんとうはすごいことなんだと思ったのだ。そして、いつなくなってもおかしくはないのだなと気がついた。ご主人とも奥さんとも、注文以外の言葉を交わしたことはなかったけれど、感謝しているのはこちらのほうです。長い間ありがとうございました。

※1　のちのオーガニック・カフェ(閉店)です。

ハンバーグ（ライスとみそ汁つき）　**洋食さかい**　2004年10月29日閉店

009 リッサのミネラルウォーター

家で飲んでいるミネラルウォーターはイタリアのヴェネト州ヴィチェンツァ近郊パズビオ山麓産のものだ。[※1] 何かこだわりがあってということではない。近所のスーパーマーケットで売っているボトル入りの水の中で、これがいちばん安いからというだけの理由。軟水でクセがなく飲みやすい。とはいえ、文句がないわけでもない。ボトルの底が平らでないからか、まっすぐに立たないのだ。しかもその傾き方はボトルごとに微妙に角度が違うので、あえてそういうデザインにしているとも思えない。もしかしてこの水が安価な理由は、ボトル成型に失敗した不良品だからなのだろうか。いや、この水を買い始めてかれこれ3ヵ月は経っているが、いまだにまっすぐに立つボトルを見たことがないから、そうとは言い切れない。「買ったばかりのイタリア車の調子が悪かったら、それは月曜日に作られたものである」とイタリア人に言われたことがあるし、そのピサの斜塔のような立ち姿もだんだん愛らしく思えてきていることだし、まあ、良しとしよう。

そういえば、そのピサとルッカの中間にある小さな村で短い夏休みを過ごしたことがある。12年前の話だ。ミラノで手広く商売をやっている男の別荘の2階を友人が借りてくれた。トマトやバジルなどは敷地内の畑から勝手にとって食べていいということだったので、とりあえずパンとパスタと飲料水を買いにいこうと思い、家主にどこに売っているのかと尋ねたら、「水を買う!? このあたりでわざわざ不味いミネラルウォーターを買う馬鹿はいないよ」と笑われた。そして、家の奥からちょっとした樽のような大きさの瓶を持ってくると、「水を汲みに行くからついてきなさい」と言うなりどんどん谷のほうに降りていった。15分ほど山道を下るとそこに大昔の洗濯場があって、その横でこんこんと水が湧き出ている。手ですくって飲む。冷たく甘く、確かに水を買うなどということが馬鹿らしくなるほど美味かったが、たっぷりと水を詰めて重くなった大瓶を抱えて登る帰りの坂道のことを考えると、自分はミネラルウォーターでいいと思った。

※1　ガス入りとガスなしがあって、いつも飲んでいるのはガスなし。

イタリアンテーブルウォーター LISSA 1ケース（1.5リットル×6本）

010 KAWSのショッピングバッグ

トートバッグや簡単な作りの布袋が好きでたくさん持っている。どのくらい持っているか数える気もしないくらいある。たくさんあるからといって、毎日取っ替え引っ替え違うものを使うのではなく、気に入ったのをずっと続けて持って歩くことがほとんどだ。一旦、使わなくなると、今度はぜんぜん出番がなくなり、しまいにはどこにいったのかわからなくなってしまう。そういう袋が部屋のあちこちにある。あるはずである。そして、それぞれの袋の中には、使わなくなった日に「とりあえず今日は必要ない」と判断された書類や筆記用具やメモ帳や領収書が必ず入っていて、それが突然、必要になったりするから困る。だからどの袋をどの時期に使っていたかだけは覚えておくようにしておく。

今年の夏に使っていたのはラフォーレ原宿のショッピングバッグだ。正面から入ってすぐの所に並べられた4台の自動販売機で4種類のバッグが売られていた。どれも目玉がプリントされていて、そのうちのひとつがKAWSの例のバッテン目玉[※1]だった。何枚かまとめて欲しかったが、小銭の持ち合わせがなくて1枚だけ買って帰ったものである。昨日、久しぶりに原宿に行く用事があり、良い機会だから新しいのを何枚か買うことにした。ところが、ラフォーレに入ってみると以前あった自動販売機がない。設置場所が変わったのかと思い、エレベーターで最上階に昇って上から順に探したが見当たらない。1階まで降りてきて、奥の柱のかげにようやく自動販売機を見つけた。しかし、そこで売られていたのは新しいデザインの紙袋だった。どうやら勘違いをしていたらしい。自分は、このKAWSのバッグが、紀ノ国屋やユニオンのショッピングバッグのように、いつ行っても売られているものだと思っていた。そういうものにKAWSを使う大胆さが素晴らしいと思っていたのだ。世界中でもっともカジュアルで安いKAWS商品。でも、それは一定期間しか売っていないキャンペーン商品だったようである。時すでに遅し。ああ、あの日、もっと百円玉を持っていれば良かった。[※2]

※1　4種類のバッグのデザインは大貫卓也。だからこれは大貫卓也とKAWSのコラボ商品ということになります。

※2　そういえば、あのとき300円しか持っていなくて、一緒にいたTくんに100円借りたのをいま思い出しました。ゴメン、すぐに返します！

011

空也のもなか

カミさんと銀座に出かけた。仕事場に近いのでいつもぶらぶら歩いている場所ではあるが、カミさんと一緒だとまたちょっと違った気分になる。すずらん通りを新橋のほうに向かっていくと、右側にマリアージュ フレールがあり、ギンザコマツの裏口の脇にはサンタ・マリア・ノヴェッラの店があり、その先にバーニーズ ニューヨークが見える。表通りに高級ブランド店がひしめいて、それはすでに銀座の新しい顔ということになっているが、裏通りにも外国の店がすごい勢いで増えていることを遅まきながら実感した。銀ぶらの途中でサンタ・マリア・ノヴェッラにふらりと入りローズウォーターを買うことができるというのはもちろん幸せなことである。だが、ローズウォーターはフィレンツェでしか買えないもののままでもいいから、代わりに「銀座千疋屋本店」の2階でフルーツサンドを食べたり、「ピルゼン」[※1]でボルシチを肴に生ビールを飲んだりできる銀座であり続けてくれるほうが、自分はより強く幸福を感じられるだろう。

先々週、並木通りの「空也」の前を通ったら、「今週の分のもなかはすべて売り切れました」という貼り紙が目に入った。予約しないと買えないのは知っているが、それにしてもまだ水曜日である。さすがに驚いてしまい、ふらふらと店の中に入った。「来週、いちばん早く買えるのはいつですか？」と尋ねると、月曜日だと言う。いちばん小さい10個入りを予約。翌週それを受け取り、家に帰ってカミさんと2人で食べた。素朴な味だ。前に勤めていた会社も銀座にあって、そこの支社長がもなか好きだった。何かお使い物が必要なときは、前もって秘書を空也に走らせ予約をする。たまに予定が変更になったりすると、予約した空也のもなかをみんなで分け、それぞれが家に持って帰った。大量に持っていく者もいれば、支社長の手前、申し訳程度にひとつだけ持っていく者もいて、自分は申し訳程度派だった。何故なら、和菓子は好きだが、もなかはそれほどでもないからだ。自分が空也のもなかを予約する理由、それは銀座が好きだからに他ならない。

※1　ここで言う銀座千疋屋本店は、8丁目の博品館の近くにあった店のこと。晴海通りにニュウ千疋屋（現在は銀座千疋屋と改称したようです）がまだあるけれど、ずいぶん前に改装してしまい、自分にとってはもはや別の店のような感じがします。ピルゼンは2001年の秋に商売をやめてしまっていました。

もなか（10個、化粧箱入り）　**空也**　東京都中央区銀座6-7-19

012

イサム・ノグチの記念切手

知り合いから送られてきた小包にカラフルな記念切手がたくさん貼ってあった。自分も記念切手やちょっと珍しい通常切手を買い置きしておいて、それを組み合わせて封筒に貼るのを楽しんでいた時期があるが、いまはほとんどをパソコンか携帯電話のメールですませてしまう。無味乾燥と言われれば確かにそうかもしれない。手書き文字の味わいや切手を選ぶ楽しさがあるから、封書や葉書はとても好きだ。とはいえ、その手間をかける時間がなかったり面倒だったりで音信不通になるよりは、キーボードやボタンでさくさくメールを送ることで筆まめになるのなら、それはそれで悪いことではないと思う。少なくとも自分はそういうふうに考えるタイプの人間だ。ただし、家に届く年賀状や旅先からの絵葉書が確実に減る寂しさを受け入れなくてはならない。

小包に貼られていた切手の中に目を惹くものがあった。イサム・ノグチの肖像画と、イサム・ノグチ庭園美術館[※1]にある作品〈真夜中の太陽〉と、代表的デザインのひとつ〈あかり〉が組み合わされた図柄の80円切手[※2]だ。肖像画はイサム・ノグチというより自動車雑誌『ENGINE』の編集長に似ているし、〈あかり〉は照明ではなくくらげのように見える。それでもノグチ好きの自分としてはぜひとも買わなくてはならない逸品だ。いつ発売された記念切手なのかわからなかったので、丸の内の東京中央郵便局に行く。まめに手紙や葉書を出していた頃以来だから、ほぼ10年ぶりだろう。その10年の間にほとんどの通常切手のデザインは変わってしまっているが、記念切手を求めて集まっている人々の独特の熱気は同じである。もちろん、年配の人がほとんどだ。順番待ちの列に並んで件(くだん)のものを手に入れた。切手を買いに、わざわざ中央郵便局に行く時間があることはとても楽しい。帰りの地下鉄の中で、前に友だちからもらったバックミンスター・フラーの記念切手[※3]のお返しに、もう1シート買っておくべきだったと後悔した。駄目もとで近所の郵便局に寄ってみる。ノグチ切手はあっさりと手に入った。

※1　香川県牟礼にあります。ぜひ行ってみたい。
※2　文化人シリーズとして2004年11月初旬に発売されたようです。
※3　2004年、アメリカで発売されたもの。バッキーの禿頭がフラードームになっている図柄で、笑っていいのか笑えないのか判断できない微妙な感じ。

イサム・ノグチの生誕100年記念切手1シート（10枚）　yu-bin.jp/kitte/

013 マッターホーンのバウムクーヘン

家に帰ると、後で食べようと思いとっておいたバウムクーヘンをカミさんが平らげてしまっていた。文句を言っても、「美味しいからとまらなくなった」と照れ笑いするばかりである。そのお菓子はナオちゃんからいただいたものだ。仕事場で打ち合わせをしているときに、「今日は何時までいますか？」とナオちゃんからメールが来た。「7時には出る」と返信すると、「その時間までには行けません。渡したいものがあったのですが別の日にします」と返事があった。それから1時間くらいしてまたメールがあり、「間に合うかもと思って家を出たけど、お菓子を置きっぱなしにしてきました」と、独り相撲をとっている。バウムクーヘンはその翌日に無事に届けられた。

実は「近所に美味しいケーキ屋さんがあるので、今度、持っていくから食べてみてください」と言われたときから、たぶんあそこだろうと思い当たるところがあって、お菓子を受け取ってみるとやはりその店のものだった。とはいえ、バウムクーヘンを食べるのははじめてである。なにしろ、そこにはこれまで一度しか行ったことがない。原田治さんが教えてくれた。正確に言うと、鈴木信太郎という画家[※1]がいて、その人の絵は素晴らしいのにあまり評価されることがない。その信太郎の作品がいちばん簡単に見られる場所として挙げてくれたのがその店だ。自分の家からもそれほど遠くはないので以前から存在は知っていたが、中に入ったことはなかった。店内は「余裕」というものが十分に伝わってくる広さと清潔さがあって、壁に信太郎の絵が飾られている。はじめて見るはずの信太郎の絵は、名前を知らずに古本の表紙絵や挿絵としてよく見ていたものだった。テーブルの上にある花瓶や果物を描いた絵を最近はまったく見ないが、そういう「静物画」が好まれた時代の、品が良くて洒落た西洋画。ナオちゃんにもらったバウムクーヘンの箱には小さな栞（しおり）が入っていて、そこにも信太郎の絵が使われている。「当店はこの一軒　心をこめてていねいに」という一文が印象的だ。

※1　日本の近代西洋画について書かれた本を何冊か見てみても、鈴木信太郎（1895～1989）の名前は載っていませんでした。

バウムクーヘン（1袋）　**マッターホーン**　東京都目黒区鷹番3-5-1　matterhorn-tokyo.com

014

VANS×Supremeのスケートチャッカ

シュプリームで買い物をするのも緊張する。ずいぶん前に代官山のシュプリームに入ろうとしたら、横から警備員が出てきてとめられた。店のスタッフではなく、ほんとうに警備員然とした格好の中年男性だったと記憶している。「横入りしないでください」。すぐには彼の言っていることが理解できなかったが、指さす方向に目をやると、店の少し離れた所から並木橋に向かって行列ができていた。そして、ガードレールに腰掛けた男子諸君が、自分に対して威嚇(いかく)するような蔑(さげす)むような視線を一斉に浴びせている。恥ずかしさで気持ちが萎えてしまい、欲しいものがあったが諦めた。「カッコいい服を買うために行列するなんてカッコ悪い」と心の中で気弱に捨てゼリフを吐きながら。

シュプリームがVANSとコラボレーションしている。スケートチャッカがすごく良い。ソールの横に入ったラインをとり、インソールを替え、シューレースの穴を4個から5個に増やしてある。[※1]それだけでチャッカが驚くほど大人っぽくなっているのだ。以前からそう思っているが、シュプリームはすごくシックなブランドである。街を闊歩(かっぽ)するキャップ斜めかぶり男子たちのボックスロゴ・スウェット姿などを見ていると、とてもそうは思えないかもしれない。ジャック・スペードのクリエイティヴディレクターであるアンディ・スペードが、ジャック・スペードのクローズラインのコンセプトを説明するのに「ブルックス ブラザーズとシュプリームの中間」と言ったそうだ。引き合いにこの2つのブランドを挙げるセンスにも共感したし、この2つのブランドの距離は実はそれほど遠くないとも思った。繰り返すがシュプリームは想像以上にシックなのだ。

チャッカは知り合いに頼んで手に入れた。しかし、サイズを伝え間違えたため大きめのものがきてしまった。毎日履いているのでちょっとへたってきてもいる。サイズの合うものをもう1足買っておかなくてはと思ったが、並木橋の店に入る強い気持ちを作っているうちに、自分に合うサイズは完売してしまったそうだ。[※2]

※1　もちろんヒールのパッチには「OFF THE WALL」のマークとともに「Supreme」の文字も入っています。
※2　新しいシーズンには残念ながらVANSとのコラボレーションはなかったけれど、ジョン・スメドレーとのコラボのポロがありました。さすが。

VANS×Supremeのスケートチャッカ　www.supremenewyork.com

015

梅好の京ちらし

　昼に何を食べようか悩んだ。たまに弁当持参もいいかもしれない。もちろん自分が作ったりカミさんが作ったりするわけではなく、適当なものを買っていこうということである。いろいろ考えて「梅好（ばいこう）」の京ちらしにすることにした。西麻布にある撮影スタジオでよく仕事をしていた頃のいちばんの楽しみは、そのスタジオの前のゆるやかな坂道を下った所にある梅好の京ちらしを出前で取ることだった。入り口に大阪鮨と書かれた大きな看板を掲げているのに、肝心の大阪鮨や茶きんなどを頼んだことはなく、とにかく京ちらし一筋。西麻布に通うこともなくなってからずいぶん経つので、そんな好物があったことさえ忘れていたのだが、今年の夏、よく使う白金台の撮影スタジオからも出前が取れることに気がついて、久しぶりに頼んでみた。届けられた京ちらしを見ると、以前は漆の重箱に入っていたものが折り詰めに替わっている。こわごわ蓋をとると、茹で海老が真ん中にのせてある見た目に美しい詰め方はまったく同じだし、味も変わらず美味しかったので、何かとても安心した。このスタジオに来る楽しみができたと喜んだが、その後は撮影の仕事もなく、またずいぶんと経ってしまっている。無性に食べたい。

　渋谷からバスに乗り西麻布に向かう。梅好の店内に入ると、ちょうど出前の準備をしているようだった。テーブルの上にきれいに包装された折り詰めがたくさん積まれている。女将らしき人に尋ねると「もちろんです」と答えるなり、テーブルに積まれた折り詰めから1箱を取り上げ、「同じものですから。こちらは届けるまでにまだ時間があるので、どうぞ」と言いながら袋に入れて渡してくれた。ちょっと間が保（も）たない感じがして、「1つだけ持ち帰りすることはできますか？」と聞いてみる。「店内で食べることはできるんでしょうか？」と聞いてみる。「いまは出前のものをのせてますが、このテーブルで食べられますよ。次はお店で召しあがっていってください」と言われた。でも、たぶん店内で食べることはないだろう。自分にとって梅好は出前を取るか持ち帰るものなのだ。[※1]

※1　とはいいながら、11月から3月までしかやっていない〈蒸し寿し〉はいつか店内で食べてみたいと思っています。

京ちらし（持ち帰り用）　　**梅好**　東京都港区西麻布3-13-21（閉店）

016

15 16 17の「エモーション」

やっと、DJでもないのにたくさんのアナログ盤を持っていることはもうやめようという決心がついた。部屋の壁一面にしつらえた棚の3分の2がレコードだなんてほんとうに馬鹿げている。なにしろ自分はターンテーブルを持っていない。事情があってたまたま今だけ持っていないというのではなく、もう15年以上前の引っ越しの際に、新しいものに買い替えようとターンテーブルをはじめアンプやスピーカーまで処分して以来、それっきりになっているのだ。音楽はパソコンかiPodで聴く。この先、ハイエンドオーディオに目覚める気配はまったくない。たまに知り合いに呼ばれてレコードをかける機会があっても、ほとんど同じものしか回さない。必要ないじゃないか。それで、仕事場の若いスタッフたちにアナログ盤を譲ると宣言した。もう後戻りはしない。

が、好事魔多し、Yさんが素敵なことを教えてくれた。DEBがアナログでどんどん再発されているらしい。DEBはロンドンのレゲエ専門レーベル。特にラヴァーズロックの名盤を数多くリリースしていた。そのほとんどは入手困難な中古盤として高値で取引されている。すぐに教えてもらったホームページのアドレスにアクセスして、あっという間に9枚をカートに入れた。特に嬉しかったのは15 16 17というグループの「エモーション」[※1]の12インチ・シングルがあったこと。ラヴァーズロックが大好きと公言しているわりに、ほとんど何も知らない自分を見るに見かねて、友だちがくれたミックステープに入っていた曲だ。まだ誰も現れない午前中に仕事場でそのテープを聴いていたら、アルバイトの女の子に「すごくいいけど、誰の曲ですか?」と言われたことがある。自分が知っていることといったら、その曲を作ったのがビージーズのギブ兄弟だということぐらいだったので、何も説明できなかった。代引きの宅配便で仕事場に届いた9枚の12インチ盤は、家に持って帰っても入れる場所がないから、ずっとそのままデスクの足下に置いてある。

人間万事塞翁が馬。言葉の使い方が違う気がするが。

※1 いちばん好きな「エモーション」のカヴァーはデスティニーズ・チャイルドのもの。本家ビージーズのヴァージョンはそんなに好きではありません。

017 チャーリー・ブラウンのペーパーバック

数日前に中目黒の古書店「カウブックス」の松浦弥太郎くんの携帯からメールが送られてきた。携帯メールをくれること自体も珍しかったが、それ以上に驚いたのは、それがハワイ島のヒロから送られてきたものだったことだ。「前に教えてもらったTSUNAMI CAFEが見つからないのですが、BEARS CAFEの間違いじゃないですか？」という内容で、すぐにだいたいの道順を返信すると、「TSUNAMI GRILLというのはあるのですが」というメールがまた戻ってくる。結局、自分の記憶違いで、ツナミはカフェではなくグリルだったということで一件落着した。さらに、思い出せるかぎりのお薦めを彼の携帯電話にメールする。そしてロウ・インターナショナル・フードというドライヴインでロゴ入りのキャップをおみやげに買ってきてほしいという図々しいお願いまで送り付けた。

昨日、すぐ近くにちょっとした用があったので、その帰りにカウブックスを覗いてみた。まだ松浦くんはハワイから戻っていない。ここに来るといつもそうするのだが、まずスヌーピーのペーパーバックをチェックする。自分はチャーリー・ブラウンのファンだ。だからチャーリー・ブラウンが表紙のものが見つかれば必ず買う。野球を題材にした話が収められていればさらに申し分ない。高校生の頃、英語の勉強に必要だという理由で『SNOOPY』[※1]という月刊誌をとってもらっていた。詩人の谷川俊太郎の翻訳が素晴らし過ぎて、それは自分の英語力向上に何ら寄与することはなかったが、人生観には少なからぬ影響を与えた。子供のうちに諦念を身につけてしまった孤独。だから夢中になった。「Sigh」そして「Good Grief」。はじめて『群像』に発表された村上春樹の「風の歌を聴け」を読んだとき、自分には主人公の「ぼく」が「チャーリー・ブラウン」と同類としか思えなかった。運の良いことに、チャーリー・ブラウンの表紙で野球ネタが収録されているものが見つかる。コーヒーを注文しそれを飲みながらしばらく読んで、発売されたばかりの『youngtree press』とともに買って帰った。やれやれ。

※1　日本で発売されていたのは『SNOOPY』、同時期にフランスでは『Charlie』、イタリアでは『LINUS』というタイトルで発売されていました。仏版と伊版はグィド・クレパックスの「ヴァレンティーナ」が連載されていたことで有名です。

Charles M. Schulz『Don't give up, Charlie Brown』　COW BOOKS　www.cowbooks.jp

018 ジャック・スペードのマフラー

先週、すごく寒い日があったのでマフラーを首に巻いて出かけた。クラッカー[※1]で買ったばかりのネイビーに白と赤のラインが入ったものだ。それをして歩いていたら、急に、前に渋谷のジャック・スペードで売っているのを見かけた、茶色のジャカード編みのマフラーがどうしても欲しくなった。ちょうど日比谷のあたりにいたので丸の内のショップまで足を延ばしてみると、お目当てのものはすでに売り切れている。店の女性が電話で他の店に問い合わせてくれて、青山に1本だけ残っているということだったので、取り置きをしてもらい仕事の帰りに寄ることにした。

毎年、マフラーを何本か買う。そして、そのマフラーは春になるまでに必ずどこかで失くしてしまう。外出先に忘れてきたり、移動の乗り物の中に忘れてきたり、あるいは部屋のどこかに紛れてしまい、少なくともそれが必要な間は出てこない。たまに衣類の整理をしていて、マフラーが綿ぼこりにまみれて何本か出てくることがあるが、それが夏だったりするので、マフラーが必要になる頃までにはまたどこかにいったきりになる。そういえば、カミさんはよく靴下を失くす。まめにまとめ買いしているはずなのに、よく部屋の中をごそごそと探しまわっていて、その探し物は十中八九、靴下なのだ。だいたいは見つかっても片方だけで、諦めて裸足で出かけていく。マフラーの話に戻ると、複数のマフラーを買うのだが、それを取っ替え引っ替え巻くのは冬の始まりだけである。何か、巻いたときにちょうど良い具合の長さだったり肌触りだったりで、気に入ったものが絞られてきて、それればかりになってしまうのだ。そして、春までに失くす。長さや肌触りにこだわりがあるのだったら、買うときに確かめればいいのだが、どうやら自分は「冬の始まりにマフラーを買う」という行為が好きなのだと思う。仕事の帰りに青山のジャック・スペードで手に入れたマフラーは、家に戻ってから首に巻いてみると、長さが2重巻きにするには少しだけ足りなくて、ちょっとチクチクした。

※1　クラッカーについてはまた別の機会に書きます。

JACK SPADEのマフラー

プチ
ファブ！

001

ケネス・ジェイ・レーンのブレスレット

はじめまして、「カミさん」です。

きらきらしたものって見ているだけで嬉しくなっちゃうし、気持ちが上がるのは女性ならば誰でもあるはずなのでは？　ジュエリーは私の中でブームが何度かやってくるアイテムで、その時々によってコレクションする種類も微妙に違ってきます。最初はキッチュなきらきらラインストーンからはじまり、ターコイズ、これはナヴァホ族、ズニ族、ホピ族など、族（ヤンキーみたいな言い方ですね）によって仕事も違うので、どれもコレクションしたくなっちゃったし、その後、シャネルのコスチュームジュエリーやパール、珊瑚、琥珀（ついにここまで…）など、ジュエラーの道は留まるところを知りません。

そんなときに、ケネス・ジェイ・レーンのコスチュームジュエリーに出会ってしまって、この心惹かれるアイテムのコレクターになりました。一見するとデコラティヴで有閑マダム好みのジュエリーですが、絶妙な石の組み合わせと配色、凝ったデザインが職人芸を感じさせる、実にいい仕事をしています。

デザイナーのケネスさん（男性）は１９６３年（私の生まれた年）にブランドをスタート、本物ではなくコスチュームジュエリーにすることによって、それはより想像を膨らませるウィットに富んだものになりました。顧客に名を連ねていたのはジャクリーヌ・オナシス、オードリー・ヘップバーン、エリザベス・テイラー、ナンシー・レーガン、バーバラ・ブッシュなど、正真正銘のセレブ御用達ブランド。

最近、彼の写真集を買ったら、ダイアナ・ヴリーランドにも作ってあげていたことがわかり、さらにコレクター心が沸いてきてしまいました。いつまで続くのやら。

Kenneth Jay Laneのブレスレット

019 ボルム・レ・ミモザのボウル

日曜日の昼のお楽しみ番組『あつあつボンジュール』[※1]を観ていたら、その日に紹介された家庭料理をボルム・レ・ミモザの皿に盛りつけているのが映った。ボルム・レ・ミモザはコート・ダジュールにある村の名前だ。パリに住んでいる友人のJが、この食器を自宅で使っていた。淡いブルーと淡いグリーンと褐色で、いかにも地中海的なウニのような文様が絵付けされた素朴な陶器。とても気に入ってもの欲しそうになで回していると、これはパリでも売っていない、Jの両親の夏の家がある村の近くでしか手に入らないものだと説明された。Jはとても親切で律義な男なので、それ以来、南仏に帰る用事があるたびにコーヒーカップや皿をおみやげで買ってきてくれるようになった。ある夏、ついにJの両親の家に遊びにいく機会が巡ってきて、自分とカミさんとJは一緒にボルム・レ・ミモザにも足を延ばした。細い山道を登っていった小さな村。そこに目指す陶器屋[※2]があった。置いているものすべてが欲しくなったが、日本に持って帰るのだからそうもいかない。さんざん迷った末にこのボウルを選んだ。いや、このボウルはJが東京に来たときに持ってきてくれたもので、自分がそこで買ったのはビヤマグだったかもしれない。どうも判然としない。とにかく、買い物をすませて表に出ると急にどしゃ降りの雨になり、見知らぬ家の軒先で雨宿りをさせてもらったことだけは覚えている。

そういえば、パリのJの家によく遊びにいっていた頃は、蚤の市などに出かけてはアンリ・サルヴァドールのシングル盤を買い漁っていた。アンリはその頃、なかば引退状態で、その後に大復活を遂げるなどとは誰も予想していなかったが、そのアンリのいちばん新しいアルバムに「ボルム・レ・ミモザにて」という曲が入っていたはずだ。CDを取り出し解説につけられた訳詞を読んでみる。「海には船が停泊していた　波もない静かな海　それがボルム・レ・ミモザ」[※3]とある。ボルム・レ・ミモザは山の上にある小さな村ではなく、海岸沿いにあるのだろうか。自分の記憶はいったいどうなっているのだろう。[※4]

※1　終了してしまいました。悲しい。

※2　サントロペの近くだったと思います。店の名前は別にちゃんとあるはずですが、覚えていないので、勝手にボルム・レ・ミモザの皿といったような呼び方をしています。

※3　2003年発売のHenri Salvador『MA CHÈRE ET TENDRE』に収録（訳詞・田村恵子）。

※4　この謎、というよりただの記憶喪失の結末を知りたければwww.bormeslesmimosas.comへどうぞ。

Bormes-Les-Mimosasのボウル　（値段は忘れました）

020

近所の蕎麦屋

蕎麦屋が好きだ。特に遅めの午後に神田藪や並木藪などに行って、酒をちびりちびり飲みながら蕎麦味噌をなめたりして時間を潰し、最後にもりかかけを食べるのがいい。だが、そんな歴史や趣のある小体(こてい)な名店でなかったとしても一向に構わない。ましてや蕎麦粉の質や打ち方にこだわっている必要もない。美味しいにこしたことはないが、美味しくなければ蕎麦にあらずとも思わない。口に入れた瞬間に吐き出したくなるような代物でないかぎりは、蕎麦が食べられればそれで十分に幸せなのである。

家からいちばん近い所にある蕎麦屋は、およそ代官山らしくないと思われるに違いない、どの町の駅前商店街にもあるような凡庸な店構えだ。来ている客は、昔からこのあたりに住んでいる老夫婦とか、近所で工事を請け負っている作業員などが中心で、たまに着飾った若い買い物客などが入ってくると妙に浮いて見える。自分はだいたい朝昼兼用のつもりで開店直後に行くことが多い。夏なら大ざる、冬なら親子とじと決まっている。座るのはいちばん入り口側の席。いつも同じような時間に行って同じ席に座り、しかも他に客もいないし頼むものが同じだから、すぐに顔を覚えられてしまう。ある日、注文した大ざるを食べていると、従業員の中年女性がいちばん厨房側のテーブルで同じようにざる蕎麦を食べ始めた。たぶん賄いなのだろう。そして唐突に自分に向かって同意を求めるようにこう言った。「なんだか、今日のつゆ、味が変じゃない?」。この店のつゆはわりと薄口で、本格的な蕎麦好きからしたら許せないものかもしれないが、自分はその薄口加減もそれはそれでいいかという気分で食べている。その日は確かに、いつにもまして薄くちょっと苦味があるかなと思ってはいたが、従業員が客に対してそれを指摘してみせるのである。「そうですね、ちょっと」と思わず頷いた。自分はここでそれを嫌な経験として語りたいのではなく、むしろそんな気楽な雰囲気のこの店[※1]がとても好きだということを言いたいのだが、きちんと伝わっているかが心配だ。

※1　いつも行く平日の早い時間は無音なのに、土曜日に行くとモダンジャズがBGMとして流れています。

021 オーボンヴュータンのカラメル

銀座のエルメスで、他ではなかなか観ることのできない映画を観る機会が何度かあった。ジャック・ロジェが撮影したゴダールとBB(べべ)や、[※1]マン・レイが撮影したピカソなど、[※2]そのようなフィルムが存在することすら知らなかったり、知っていたとしても観る術(すべ)などないだろうと諦めていたような作品ばかりだ。映画が素晴らしかったのは言うまでもないが、行くたびに印象的だったのは、会場に入るときに「どうぞお好きなものをお取りください」とお菓子を勧められることだった。それはもしかすると自分が行った日だけの偶然だったかもしれないが、いつも決まって「オーボンヴュータン」のカラメルかパート・ド・フリュイ。どれにするか迷った揚げ句に選んだカラメルを、席に着いてから頬張ると口の中に上品な甘さと香りが広がる。これから始まる映画に相応しい味。

実はつい最近まで、オーボンヴュータンが東京の店であることを知らなかった。しかも自分の家からそう遠くない東急大井町線の尾山台という、どちらかといえば地味な町にあることに驚いた。自由が丘に用事があったのでその帰りに寄ってみることにする。駅の改札を出て商店街を行く。私鉄沿線によくあるごくごく普通の商店街だ。もっと派手な店構えを想像していたのだが、はじめて見るそこは、逆にうっかりすると見過ごしてしまいそうなくらいつつましい佇まいで周囲に溶け込んでいる。中に入る。洋菓子店に特有の華やいだ雰囲気はなく、むしろどっしりと落ち着いているのは、従業員がすべて男性だからだろうか。それにしても、こうして実際にオーボンヴュータンに来てみてあらためて思うのは、東京でのもてなしのために用意する品を、リュ・サントノーレのジャン=ポール・エヴァンなどのパリの店ではなく、ハッピーロード尾山台のオーボンヴュータンから選ぶ、エルメスの控えめな態度と見識の高さだ。カラメルを全種類、15個入りの箱詰めにしてもらう。エルメスの映画会では、品良くかつ控えめな態度で1種類だけ取るようにしていたので、やっとすべての味を思う存分に試すことができる。

※1 『BARDOT ET GODARD バルドーとゴダール、あるいは「物事の選択」』(1964)
※2 『LA GAROUPE ラ・ギャループ』(1937)

カラメル　AU BON VIEUX TEMPS　東京都世田谷区等々力2-1-3　aubonvieuxtemps.jp

022 アダム・シルヴァーマンの陶器

元同僚のYくんが面白いことを教えてくれた。とても気になったのですぐに出かけた。向かった先は千駄ケ谷の「プレイマウンテン」である。ちょうど店主の中原くんがいたので、あいさつもそこそこに「アダム・シルヴァーマンが陶芸をやってるんだってね」と切り出してみる。中原くんは笑いながら、奥のテーブルの上に並べられた陶器を指し示した。意外に売れているらしく、つるりとしたシンプルなものはほとんど残っていないということだった。確かにテーブルの上に並べられているのは、どれもわりとどろりとしたおどろおどろしい鉢だったり花器だったりしたが、そこにはやはり西海岸ならではの乾いた軽さが同時にある。そこがいい。

　アダムはロサンゼルスに住む若い陶芸家だ。今のところは、XLARGE®[※1]の創業者の一人だったということのほうが有名な存在でしかない。Yくんも「XLARGE®世代としては、なんで陶芸?って感じですが」と言っていた。もともとアートスクールで建築を勉強してきたアダムだから、このような転身も、周囲、特に東京から見ていて感じるほど驚くべき事件ではなく、本人にとっては自然な流れだったのだと思う。中原くんはアダムがXLARGE®の創業者だったということを知らずに、ロサンゼルスに住む友人に注目すべき作家として紹介され、作品が気に入ったのでこの店で扱うことにしたようだ。余談だが、中原くんの友人はリチャード・ノイトラが建てたデュプレックス(Duplex Apartment)に住んでいて、その上の階に住んでいるのは偶然にも自分の知り合いである。

　帰りのタクシーで中原くんにもらったアダムに関する雑誌の切り抜きを読んでいたら、彼の仕事場はジェフ・マクフェトリッジのアトリエの隣にあると書いてあった。ジェフの仕事場の隣はPOOLEという化粧品会社のはずだ。4年前に知人に連れられて行ったことがある。さらに読むと、アダムのガールフレンドはPOOLEの創業者であるルイーズ・ボナートとあった。POOLEに、痩せた黒縁眼鏡の親切な男がいたことをようやく思い出した。

※1　XLARGE®、ビースティ・ボーイズ、X-girl、キム・ゴードン、懐かしい'90年代。

Adam Silvermanの鉢　**Play Mountain**　東京都渋谷区千駄ケ谷3-52-5-105　playmountain-tokyo.com

023

アンクル・ブブのモカ

アンクル・ブブのことを「ここ最近でいちばん気に入っている喫茶店」と勝手に書いたのが6年前。その文章が載った雑誌を持って店主に見せにいったら、「キミはいちばん気に入ってると書いてるわりに、ぜんぜん来やしないじゃないか」と言われた。その日が4回目の訪問なのだから笑ってごまかすしかない。もうそろそろ閉店という時間だったにもかかわらず、そのうちカウンターの下からバーボンの瓶をひっぱりだすと、頼んでもいないのにグラスに注いで振る舞ってくれた。

6年ぶりにブブに行ってみた。午後2時を過ぎていたが、ちょうど店を開けたばかりらしく、店主はドアのガラス戸を拭いているところだった。自分の顔を見るなり、この男のことは知っているがいったい誰だっただろうという表情になる。「気に入ってると書くわりに、ほとんど顔を出さずにすみません」と言ったら、「ああ、キミか。今日はどういう風の吹きまわしだ?」と口の端で微笑んだ。カウンターには先客がいて自分も奥のほうに座った。店主の掃除はまだまだ終わらない。大きな焙煎機の前のガラスを鼻歌を歌いながらのんびり拭いている。ポットのお湯が沸く音だけが店内に響いていた。15分ほどしてようやく一段落ついて、店主はカウンターの中に入ってきた。そして先客に向かって「何かこげてると思ったらあんたの煙草か。その匂いはきつくて迷惑だな」と呟く。先客は常連のようで、慌てていろいろ言い訳を始めたが、すぐに諦めて煙草の火を消した。ブブ、健在である。「今日は何にする?」と店主が聞いてくれるまでにさらに15分はあっただろうか。4回目にここに来たときにフレンチを注文したら、「キミはいままでフレンチしか頼んでいないだろう。たまには違うものを飲め」とモカを薦められた。それがとてもまろやかで美味しかったことを覚えていたので、モカを注文する。そのモカを飲み始めた頃、店内にほんとうに微かな音でモダンジャズが流れていることにやっと気がついた。6年経ってもブブはどこまでもブブだった。[※1]

※1　とはいえ、この6年の間に店主は体調を崩した時期もあったようです。健康にはくれぐれも気をつけてください。

モカ　**Uncle-Bu Bu**　東京都目黒区鷹番2-8-21(閉店)

024

エルメスのスカーフ

エルメスが年2回発行している『LE MONDE D'HERMÈS』のいちばん新しい号を見ていたら、ジャン・ルイ・デュマ・エルメス社長が巻頭に序文を寄せていた。孫が仕事場に来たときに「エルメスって楽しい?」と問われ、分別臭く「おじいちゃんは仕事をしているんだよ」と答えてしまったがそれは間違いで、もっと真摯(しんし)に孫に説明すべきだったという内容の短い文章だった。そこには、自分がどうしてエルメスが好きなのかの答えが書かれているような気がして、とても感銘を受けた。その本は先日、カミさんの誕生日にエルメスで買い物をしたときにもらったものだ。あのオレンジの紙袋が目立たないはずはなく、仕事場に戻ると「何を買ったんですか?」と聞かれる。カミさんの誕生日のプレゼントだと答えると「偉いなあ」と感心された。

エルメスではスカーフを買った。はじめてパリでおみやげに買ったスカーフは〈ブラジル〉という柄のものだ。それ以前からエルメスのスカーフを知ってはいたが、それは女性が身につけるもので自分には関係がないと考えていたので、子細に眺めるなどという経験はなかった。ところが、はじめて入ったフォーブル・サントノーレの本店では、たまたまとても空いているときだったからか、一枚一枚、丁寧に広げたり丸めたりしながら見せてくれる。そこに描かれている図柄の大胆さや色の繊細さ。それ以来、誕生日、おみやげ、結婚記念日と、何かにつけ気に入った柄のスカーフを買うようになった。そしてこの日は〈地中海〉を選んだ。前の年の柄なので売り切れてしまっただろうとばかり思っていたが、残っていたのは嬉しかった。もし〈太陽〉があったら間違いなくそれも買っただろう。要するに自分が欲しいのである。自分が首に巻くわけではないのだから理由が必要なのである。カミさんの誕生日にエルメスのスカーフを買った。それは事実ではあるが、自分はアニヴァーサリーを忘れない優しい旦那様などでは断じてない。デュマ・エルメス社長のように[※1]仕事場で真摯に説明すべきだったと反省している。

※1　もちろん、デュマ社長の文章はこんな駄文ではなく、孫に語ってあげるべき本当の理由が感動的に綴られています。ご一読をお奨めします。

HERMÈSのスカーフ　**エルメス**　www.hermes.com

025

ジェネラルリサーチのフィールドジャケット

近くまで来たのでジェネラルリサーチの展示会を覗いていくことにした。たまたまその日はジェネラルリサーチのフィールドジャケットを着て家を出ていた。濃いネイビーブルーとチャコールグレーのチェックで、背中に「BLACK MOUNTAIN」とプリントされているものだ。何か気を使ってわざわざ着てきたようで気恥ずかしいが、偶然だからしょうがない。タグを見ると2000年製である。買ってからずっとたたんだままで一度も袖を通していなかったのに、なんだかこの秋はすごくこれが気に入っている。あまり長いこと放っておいたので、窓から射し込む西日が当たっていた肩の部分だけ色が褪(あ)せてしまった。それでも構わずに毎日のように着ているのだ。好きで買ったはずのものでも、自分にしっくりくると納得できるまで時間がかかることがある。このジャケットのように5年というのは長いほうだが、1年や2年はわりとざらにあるかもしれない。確か同じ形の無地のものも同時に買ったはずで、そっちはすぐに友だちに譲ってしまった。その時点ではどちらも着ていないのに、どうしてこっちだけを取っておいたのかは、自分でも自分の中の基準がよくわからない。とにかく取っておいて良かった。

ちょうど昼飯時だったので展示会場には他に人もいなくて、ゆっくりと見ることができた。胸に楓(かえで)の葉が刺繍されたグレーのジャケット[※1]と、ライトグレーのコットンニットのカーディガンがとても良かったので注文する。帰ろうとすると、デザイナーの小林節正さんが中に入ってきた。実はずうっと仕事で間接的にお世話になっていたのに、あまりに忙しくて、こうして展示会に来たのも5年ぶりだったのだ。だから、5年間の不義理を詫びた。そして、とても気に入ったものがあったので注文させてもらったと話すと、小林さんは笑いながら「洋服とのつき合いは、そのくらいの感じがいいですね」と言った。帰り道で、いま着ているジャケットの背中の文字は、ノースカロライナ州のあのブラック・マウンテン・カレッジ[※2]のことではないかと、5年目にして気がついた。

※1　正確に言うと、楓の葉と稲妻が組み合わさった図柄。2005年春夏の展示会のテーマは「Resident of Canada」でした。

※2　1933年にジョン・アンドリュー・ライスとバウハウスのジョセフ・アルバースにより創設。その後'48年頃からはジョン・ケージやマース・カニングハム、ウィレム・デ・クーニング、バックミンスター・フラーも参加。ロバート・ラウシェンバーグやサイ・トゥオンブリも。気絶しそうな名前が並びます。

GENERAL RESEARCHのフィールドジャケット　（値段は忘れました）　www.sett.co.jp

プチ
ファブ！

002

dosaのヘンリーネックシャツ

こんにちは、「カミさん」です。

四季の中でいちばん好きなのは夏！　燦々（さんさん）と太陽が照りつける夏は、シミ、ソバカス、と美容的には心配な季節ですが、そんなことは気にしない。太陽は私のパワーの源なのです。

太陽とくればビーチ、そして私にとってなくてはならないアイテム、スーパービキニにストローハット、サングラスとビーチサンダル。それからもうひとつのマストアイテムが、このdosa（ドーサ）のヘンリーネックシャツ。

これはkhadi（カーディ）という繊細なインド製手織りコットンで、洗濯後の乾きも速く、通気性がとにかく良いのでビーチには最適。ヘンリーネックというとちょっとおやじアイテム風になりがちですが、さすがdosaは素材とシルエットが違います。着ると少し透けた感じで、さりげないグリーンのラインがポイント。作っている人たちの身近に太陽と海があることを感じます。決して派手なアイテムではありませんが、袖を通した時の気持ち良さと、それが自分のライフスタイルにマッチするところがやっぱり好き。

このところ恒例になっている年末の南の島にも、もちろん持っていきます。もし、スーパービキニの上にこのシャツを羽織っている姿をどこかのビーチで見かけたならば、それは間違いなくこの私です。


dosaのヘンリーネックシャツ　葉山の「SUNSHINE＋CLOUD」で購入　dosainc.com

026 力餅家の福面まん頭

天気が悪くとても寒い日だったが、鎌倉に戻ってきたのは久しぶりだったし、やはり散歩することにした。いつものように図書館のほうから裏道に入り、吉屋信子記念館や鎌倉文学館の前を抜け長谷（はせ）観音の信号のあたりに出て、さらに御霊（ごりょう）神社※1まで歩いた。以前、近所に住んでいたので、このこぢんまりとした質素な神社にはよく来ている。ちょっとお参りしていこうと思い、賽銭箱の前まで石段を上ったところで、神殿の中で結婚式をやっていることに気がついた。鶴岡八幡宮ではよく見かける光景だが、御霊神社ででくわすのははじめてだ。ちょうどどんよりとした雲の切れ間から少し薄日が射してきて、なんだかとても良いことがありそうな気分になった。それにしても、結婚式に御霊神社を選ぶとはなかなか趣味の良いカップルだと思う。

御霊神社に来たら必ず「力餅家」に寄る。名物の権五郎力餅も大好きだが、それ以上に好きなのが福面まん頭だ。ここ何度かは折悪（おりあ）しく売り切れてばかりでしばらく食べていない。今日こそはと思って中に入ると、ガラスケースの中にたくさん福面まん頭が並べられていた。やはり良いことがあった。ばらで買ったほうが安いのだが、化粧箱に10個詰めてもらう。薄い和紙を貼った紙箱の中に、福を招く面をかたどった人形焼きのようなまん頭※2を詰め、この菓子のいわれを書いた栞（しおり）と達筆過ぎて読めない短歌が書かれた短冊をその上にのせ、箱の上からさらに福面をつけた人物を描いた熨斗紙（のしがみ）を巻いて紅白の細紐で結ぶ。それを包装紙で包んでくれるのである。ゴミの減量に励んでいる善良な市民が聞いたら卒倒しそうな過剰包装かもしれないが、自分はそう思わない。家に帰ってゆっくりと包みを解き、渋い日本茶を啜りながらこのまん頭を食べ栞を読むのはとても幸せなことである。鎌倉の隠れた名物として豊島屋の名所まんじゅう（人形焼き）を挙げる人は多い。あれも確かに美味いが、自分は味も形もこの福面まん頭のほうが勝っていると思っている。その証拠に、手土産に最適と人に薦めるわりに、実際に人にあげたことはほとんどない。

※1　権五郎神社とも言います。地元の人はだいたい「ゴンゴロ神社」と呼んでる。

※2　御霊神社の例祭で使われる面をかたどったもの。神様を和ませるための面だから、どれもかなりユニークな面構え。わが家で人気があるのは「秘密くん」と「ヒロミチ」です。その勝手な呼称について説明を始めると長くなるので、いつかまた別の機会に。

福面まん頭（10個、化粧箱入り）　**力餅家**　神奈川県鎌倉市坂ノ下18-18

027

P&Gのジョイ

日常的に使うものについて、どの程度までデザイン性を追求するのがいいのかの加減がわからない。美しい形をしているものは好きだが、では、レモン搾り器がフィリップ・スタルクのデザインであったり、携帯電話がマーク・ニューソンのデザインであったりするほうがいいのかと問われれば、そうだと言い切ることに躊躇(ちゅうちょ)する。外国のスーパーマーケットなどに行き、そこに並べられた日用品のパッケージデザインがどれも優れていることに感激して、それに比べて日本のものはぜんぜん駄目だと嘆いていた時期もあった。歯ブラシはＧＵＭの＃４０７[※1]でなければならず、台所用洗剤はＩＶＯＲＹでなければならなかった。まったくもって口うるさく面倒臭いだけの男ではないか。しかし最近は、そういうものばかり選んで使うことに気恥ずかしさを覚えるようになってきている。

いま、家の台所に置いてある洗剤は、近所のコンビニで買ったジョイである。最初は夜中に急に必要になって間に合わせで買ったものだ。デザインが気になったが仕方がない。台所洗剤で気張るのもどうかと思う。とはいえ、なんとかならないものかと、試しにラベルを剥(は)がしてみた。そうするとボトルデザインのシンプルさがいきなり際立つようになった。デザイン的にほとんど何もやっていない感じの淡泊さがとても良い。そのことに気づいてからは、いろいろなもののラベルを剥がすのが面白くなってきた[※2]。剥がしてもあまり代わり映えしないものもあれば、見違えるように魅力的になるものもある。たとえば漂白剤なら、ワイドハイターはラベルを剥がしても印象は変わらないが、手間なしブライトはボトルとキャップの色の組み合わせの良さが目立つようになり、かなりポップに変身する。霧吹き系のボトルではファブリーズがわりといける。ただし、これらが最初からラベルを貼っていない商品であったとしたら、それを自分が良いと思うかどうかは微妙である。あらかじめ戦略的に意図されたデザインとしてのシンプルさは、それはそれで胡散(うさん)臭いと思う。自分が口うるさく面倒臭い男であることにあまり変わりはないようだ。

※1　しかも日比谷のアメリカンファーマシーで買ったものに限る、とか。
※2　中身や使い方を間違えるといけないので無闇にやってるわけではありません。塩素系の漂白剤などもありますし、剥がす場合は注意してくださいね。

緑茶成分入り スポンジの除菌ができるジョイ（270ml）　**P＆G**　jp.pg.com

028
コンタックの風邪薬

久しぶりに風邪をひいた。熱が出るわけでもないし身体がだるいということもなく、ただ軽く咳(せき)が出てちょっとだけ喉が痛いという感じだったのでつい甘くみていたら、ある時点を境にして喘息(ぜんそく)の発作のように激しく咳きこむようになった。一旦、咳が始まると止まらなくなりそのまま呼吸困難になってしまうような気がして、無理やり我慢する。そうすると体力をどんどん消耗していくのだ。ちょうど症状がひどくなってきたのが週末で病院はやっていないから、とりあえず近所の薬局で風邪薬を買うことにした。カミさんが心配して、ついていくというので一緒に家を出る。

咳を止めて喉の痛みを和らげる薬は、考えていた以上にたくさんあった。漢方薬も並んでいる。どれがいいのかわからないから、ひとつひとつ手にとって箱の裏に印刷された用法・用量の説明を読んでみた。カミさんも同じように真剣に選んでいる。ふと見ると、棚の端にコンタックが並べられていた。オマケがついている。ミスター・コンタックがコンバーチブルのスポーツカーに乗っている人形と、携帯ストラップの2種類あった。ずいぶん前に別な薬局でローションを買ったときに、おそらくキャンペーンで使ったもののあまりだったのだろう、ミスター・コンタックのメモ・クリップがついてきたことがあった。この手のキャラクターは嫌いなのだが、ミスター・コンタックだけは別である[※1]。コマーシャルを見て好感を抱いていた。だからすごく嬉しかった。洗面所にずうっと飾っている。そのミスター・コンタックの最新ヴァージョンがついてくるのだ。携帯ストラップよりも車に乗っているやつのほうが欲しい。だが、そっちは肝心の薬が咳止めではなかった。カミさんが「これが効きそうだよ」と漢方系の薬を手に取って見せてくれる。すごく真剣な顔をしていたので、咳止めではないコンタックも一緒に買うとは言い出せなかった。週明けに病院に行って薬を処方してもらい、それからは咳も止まって楽になったので、そろそろあのコンタックをあらためて買いにいこうと思っている。

※1　そうそう、コカ・コーラ ミニッツメイドのQooだけも別である。あと、JRのSuicaのペンギンだけも別である。意外にキャラ好き？

コンタック総合かぜ薬 昼・夜タイプ　contac.jp

029

ホグロフスのデイパック

仕事と遊びの両方で旅ばかりしているヨーコちゃんがインドに行くと聞いたので、出発の前日に一緒にお茶を飲むことにした。先に来ていた彼女の前に座ってフリースの上着を脱ぐと、「そのシャツ、欲しかったんですけど、サイズがなかったんですよ」と言う。その日はG.O.D.で買ったネルのプルオーヴァーシャツ[※1]を着ていた。前にヨーコちゃんにG.O.D.を教えたら、すごく気に入ってくれたのはいいのだが、同じ色のシャツを買ったり同じ柄の短パンを買ったり、何故か好みが似てしまうのである。だから、彼女に会うときは、「今日は何を着ている?」と先にチェックをしておかないと、お揃いを着て恥ずかしい思いをすることになりかねなくなった。いきなり着ているシャツのことをそう言われたので、「同じアイテムがまた増えるところだった」と笑ったら、申し訳なさそうに、「そのフリースも、実はかぶってます」と言う。「まったく同じじゃないんだけど、雰囲気が似てます」。それはポグログだかフォグロブだか、聞いたことのないスウェーデンのアウトドアメーカーのものだということだった。ヨーコちゃんが気に入って買うのなら、たぶん自分も好きなものに違いないと、すごく興味がわいた。

その店は「ホグロフス」という名前だった。正面のウィンドウにフリースジャケットが飾ってあって、見た瞬間に買って帰ることを決めたが、まだ開店時間まで1時間近くある。昼食を先にすることにして、近所のタスヤードに向かった。それにしても、そのフリースの胸についているマークはどこかで見たことがある。友人のアキラかイトウくんのどちらかが着ていたかもしれない。タスヤードでカレーを食べ、コーヒーがくるのを待ちながら、店内に並べられた商品を眺めていたら、ホグロフスのダッフルバッグやメッシュバッグが売られているではないか。どうやら知らなかったのは自分だけのようだ。ホグロフスに戻り、デイパックとフリースジャケットを買った。フリースはヨーコちゃんと同じにならないように茶色にする。でも、それはOさんと一緒の色らしい。

※1　すごく気に入っていて、もう1枚欲しくてすぐ買いにいったけれど、すでに売り切れていました。

デイパック HIC28　HAGLÖFS　www.haglofs.jp

030

マイク・ミルズの布袋

友だちのKくんと前に会ったときに、いつも使っているパソコンを入れるための袋を見せてほしいと言うので、リュックから取り出して渡すと、いきなりメジャーでサイズを測りだした。どうするつもりだったのかなとずうっと思っていたが、それから2ヵ月くらいして、マイク・ミルズのファブリックで作られた袋が届いた。送り主はもちろんKくんだ。その日からはこの袋をパワーブックを入れるために使っている。

マイク・ミルズにはじめて会ったのは1996年だ。その直前にモワックスから発売されたマイクの作品集『A VISUAL SAMPLER』のプロモーションを兼ねた小さな個展[※1]が、青山のラスチカスの上の階で開催されたときである。友だち3人とそれを観にいって、自分だけ用事があったので先に会場を出て青山通りに向かって歩いていくと、その頃はその路地にあったモダンエイジギャラリーの店内でマイクがインタビューを受けていた。だから、正確に「はじめて見かけたのは」と言うべきだったかもしれない。一緒に行った友だちが、自分が帰った後、会場に戻ってきたマイクにサインをもらっておいてくれた。それはいまだに家のレコード棚の前に飾ってある。自分にとってマイクはそういう存在だったので、その後、彼の自宅に遊びにいったり一緒に食事をしたりするようになるとはまったく想像していなかったし、自分の友だちがマイクとファブリックを中心としたプロジェクトを立ち上げることになるとも思っていなかった。多才で、しかも器用貧乏にならずに、どのようなタイプの仕事や作品もすべて素晴らしいマイクだが、自分は彼のファブリックデザインが特に好きだ。前にミッシェル・ロックウッドがやっていたマテリアルというブランドのためにマイクがデザインした、手描きの文字をファブリックパターンにしたものなどは、女性用でなければすべて買っていたはずである。いや、女性用でも買っておくべきだったといまになって後悔している。マイクは21世紀のアレキサンダー・ジラードになるべき人だ。だからKくんには頑張ってほしい。

※1　タイトルは『DOLCE VISUALIS』で、いまだに取ってあるフライヤーをあらためて見てみると1996年の10月17日から25日までの開催でした。

031

ロウ・インターナショナルのキャップ

松浦くんがハワイ島のヒロで、約束通り、ロウ・インターナショナル・フードのキャップ[※1]を買ってきてくれた。自分が頼んだのは赤だったのだが、それは売り切れていて、店には緑と黄色しか残っていなかった。「たぶん黄色はかぶらないだろう」と考えて緑にしたという。彼の判断はまったくもって正しい。黄色のキャップをかぶった自分の姿は想像できない。「友だちがここのキャップがどうしても欲しいというので買いにきた」と松浦くんが言ったら、店の人がサービスでパンをくれたそうだ。自分が行ったときも、レインボーブレッドというのをオマケでくれたことを思い出した。そのパンは香りも良くとても美味しかった。建物がいかにもアメリカのロードサイドにありそうなドライヴイン然としていて、そこに惹かれて食事をしようと入ったのだが、朝食をとりながら店内の様子を見ていると、テイクアウトする客がほとんどで、特にパンだけ買っていく人が多い。といっても、いろいろなパンが店内に可愛らしく並べられているわけではなく、タロイモなどを練り込んで焼いたいわゆる角食が、1斤単位で無造作に売られているだけ。注文窓口で頼むと奥から出してくれるシステムだ。近所にこの店があったら、毎朝、パンを買いにくるのがさぞ楽しいことだろう。帰りがけに、一緒に食事をしていた友人が、天井から吊り下げられた赤いポロシャツを指さして「あの色のSをください」と頼んだ。「残念だけど赤は売り切れ」と言われたが、その友人はどうしても赤が欲しかったらしく諦めない。「あれは長い間、宣伝用に吊るしていたものだから汚れているし色も褪(あ)せている。他の色にしなよ」というスタッフに脚立を持ってこさせ、天井からそのディスプレイをはずして買っていた。[※2]どうやらロウでは赤が売れ筋なのだ。

家に戻って、もらったばかりの緑のキャップをかぶって鏡を見ていたら、カミさんが何か言いたそうにしているので、似合っているかどうかを尋ねた。「青果店のおっちゃんって感じ」と笑う。確かにその通りだとは思ったが、少なからず傷ついた。

※1　ロウ・インターナショナル・フードのロゴが入ったおみやげ用のもの。他にTシャツも売られています。もちろん、特にカッコいいものではありません。

※2　そういえば、その友人は黄色のキャップも買っていた。黄色でも良かったかもしれないと、ちょっと思います。

キャップ　（値段不明）　**Low International Food**　222 Kilauea Ave., Hilo, Hawaii

032

キャトル・セゾンのカフェオレボウル

たまに家の片づけをしていてこういうものが出てくると、自分がかなり重度のフランスかぶれ、あるいは頑迷なオリーブ中年だったことをあらためて思い知らされる。おそらく自由が丘のキャトル・セゾンで買ったものだろう。ワッフルの布巾が良いと聞けば、アニエスベーのスナップカーディガンを羽織り、東急東横線に飛び乗って勇んで買いにいっていた頃だ。もうフランスでも製造されていないのでいまではコレクターが高い値段で売買していると聞いたが、カフェオレボウルといえばこのタイプか無地の白[※1]がいちばんポピュラーで安かったはずである。ちなみに、このボウルでカフェオレを飲んだことは一度もない。何故なら自分は家でコーヒーをいれないし、そもそも牛乳が入ったコーヒーは嫌いなのだ。だからといって、これでインスタントラーメンを食べたこともない。それはフランスかぶれとしての矜持(きょうじ)である。もっぱらスープを飲むのに使っていた。

いま自分は、牛乳の入ったコーヒーは嫌いだと書いたが、そこがパリのカフェとなれば話はまったく別だった。「ムッシュ、アン・クレーム、シル・ヴ・プレ」と言いたいがために注文しては、胃がもたれ後悔するのである。もちろん、パリのカフェでカフェオレを頼んでもボウルに入って出てくることはなく、普通、それは家庭で使われているものであることはわかっていた。だが、自分が知っているかぎりのフランス人が、自宅でボウルを使っているのも見たことがない。数年前にニューヨークのグリニッチ・ヴィレッジにある「LE GAMIN」というカフェで、隣のテーブルのアメリカ人がカフェオレを頼んだ。しばらくして店員が見事なボウルに入れられたカフェオレを恭(うやうや)しく運んできたのを目の当たりにした瞬間、カフェオレボウルを使うのは、フランス人ではなくフランスかぶれなのだと悟った。ところで先日、仕事場の机まわりを片づけていたら、５００フラン札が7枚も出てきた。フランがユーロに切り替わって何年経ったのか覚えていないが、このフランは日本円に交換できるのだろうか。なにしろ３５００フランなのだ。

※1　もちろん、このタイプも持っています。

カフェオレボウル　（値段は忘れました）　**quatre saisons**　www.quatresaisons.co.jp

プチ
ファブ！

003

あけびの籠

こんにちは、「カミさん」です。

カゴが大好きな私ですが、類は友を呼び、私の周りの友人たちも皆そろってカゴ好きです。それぞれが自慢の品をたくさん持っていて、その人のセレクトの良さやセンスが感じられるので、楽しませてもらっています。

カゴラーな私もいくつか持ってはいますが、いいかげんな管理と雑な使い方で傷んでしまっているものが多いのです。あまり増やしすぎるとクローゼットからはみ出し、うちのダンナ様に叱られちゃうので最近は控えめにしているつもり(自分的には)。

そんな大雑把な使い方にも耐えてくれているのが、大のお気に入り「あけびの籠」です。ヨーロッパのカゴはもちろん好きですが、夏は湿気が多く冬は乾燥する日本の気候では、断然この籠が強い味方。これは鎌倉の「Atelier Kika」という小さいギャラリー兼ショップで売っていたもので、コロリンとしたフォルムが妙に可愛らしくて買いました。夏に持つよりも、寒くなってから、トレンチコートやピーコートに合わせるのが、私は好きかな。

アンティークのあけびの籠　（値段は忘れました）　鎌倉の「Atelier Kika」で購入

033

Points de suspensionのお茶請け

最初に告白すると、いまだにこの店の名前を正確に読めない。とても好きな場所なので人に教えたいと思うのだが、「えーと、ポワンなんとかかとかそんな感じ。とにかく長い名前でフランス語なんだけど」と言うしかなかった。いい機会なので覚えよう。ポワン・ド・スュスパンスィヨン。[※1]今年の夏にふらりと寄ったとき、店内に飾られていたポラロイド写真の作品がとても気に入って、譲ってもらうことにした。すぐに持って帰りたかったが、まだ展示期間中だったのでしばらく待たなくてはならない。それは構わないのだが、そうするときっと金がなくなるような気がした。案の定、数週間後に、引き取りに来ても大丈夫という連絡をもらったものの持ち合わせはなくなっていた。それを、こうして師走も半分以上過ぎてからようやく買いにきたのである。

この店に来るいちばんの楽しみは、お茶を飲みながら聞く店主の話と、お茶請けに出てくる甘いものだ。近所の和菓子屋のうぐいす餅だったり、旅先で買った珍しいお菓子だったり、何かしら気の利いたものをいつも出してくれる。この日は、松本で買ったという落雁のようなクッキーだった。〈白鳥の湖〉という名前、湖に集まる白鳥を描いた写実画が印刷された箱、「パリの五月」という店名。どう考えてもあまり期待できそうもない。ところが、これが美味いのだから驚いてしまう。松本への旅を面白可笑しく語る店主の話を聞いているうちに、彼女の知人が現れた。手土産を置くとすぐに帰ってしまったが、店主は「これが手に入る日にここに居たのはラッキーですね」と言いながら、その手土産の芋羊羹をお裾分けしてくれようとする。足利の「舟定屋」という店のもので、これを食べると他のものは食べられなくなるというくらい美味しいらしい。数ヵ月も取り置きをして迷惑をかけているのだからと遠慮したが、どうぞ持っていってくださいと何度も言うので、ありがたくいただくことにする。家に帰って芋羊羹を食べながら、早速「パリの五月」のホームページ[※2]を覗いてみた。

※1　アーティスティックな洋服や靴、美術作品などを売る店です。カフェではありませんので、お茶が出なくても怒らないこと。それが普通。ちなみに、雑誌などで紹介された際に、店名の表記が正しかったことはほとんどないそうです。覚えられないのも普通。

※2　「パリの五月」は「開運堂」の洋菓子部門です。www.kaiundo.co.jp

お茶請け　この日は〈白鳥の湖〉とチョコレート　**Points de suspension**　東京都渋谷区鶯谷町8-4（店名がAYAに変わっています。）

034

一保堂のほうじ茶

晴海通りの竹葉亭の前を通ったら急に鯛茶漬けが食べたくなった。とはいっても、いまさっき昼飯を食べたばかりである。前に読んだ『銀座百点』に、竹葉亭の鯛茶漬けが持ち帰りできると書いてあったような気がしたので、中に入ってレジで聞いてみると可能だと言う。[※1] 15分ほど椅子に座って待ち、紙袋に入れられた鯛茶漬けを受け取って店の外に出てから、茶漬けにするにはほうじ茶が必要なことを思い出した。家には煎茶しかない。銀座三越の地下にある一保堂に寄っていくことにする。もしかしたらもっと美味しいお茶が他にあるのかもしれないが、自分は一保堂のものが好きだ。包装紙も好みだし缶のデザインも良い。だから、それ以外のものを自分で探す気はない。[※2]

ところで、自分はほうじ茶と玄米茶の区別がうまくつけられない。もちろん、ほうじ茶のあの味と香りを思い出すことはできるし、玄米茶でもそれは同じである。ただ名前だけを混同してしまう。右に曲がろうとして右に曲がることはできるが、タクシーの運転手に説明するときなどには、箸を持つ格好をしないと「右に曲がってください」と言えないのに似ている。いや、似ていないかもしれない。とにかくその日も、いつも食べている竹葉亭の鯛茶漬けにかけるお茶の味は思い出せるのだが、ほうじ茶を買えばいいのか玄米茶を買えばいいのか、たぶんほうじ茶だろうとは思うものの、いまひとつ自信が持てないのだ。もしほうじ茶を買って、かけるべきは玄米茶だったとしたら、せっかくの鯛茶漬けが台無しだ。迷っていても仕方がないので、ままよとほうじ茶をもらう。こんなことなら、竹葉亭でお茶の種類を教えてもらうべきだった。

次の日、朝昼兼用で鯛茶漬けを食べようと、冷蔵庫から紙袋を取り出した。[※3] 湯を沸かしてほうじ茶をいれる用意を整えてから、熱いご飯を茶碗に盛り、胡麻だれをからめた鯛の切り身と刻み海苔をのせてお茶をかける。竹葉亭で食べるときと同じ匂いがした。ほうじ茶で間違いなかったと安心する。家で食べる鯛茶漬けも悪くない。

※1　1人前（ご飯なし）。
※2　教えてもらうのは大歓迎。
※3　買ったその日に食べないとダメと言われていたのですが、真冬なので一晩くらいは大丈夫だろうと思い、翌朝にしました。

ほうじ茶（60g缶入り）　**一保堂茶舗**　京都府京都市中京区寺町通二条上ル

035

サウス・チャウエンのアイスクリーム

2度目にその島に行ったときの話。持っていったポラロイドカメラで目の前のビーチを歩く人を撮るのを日課にしていた。同じホテルや他のホテルに逗留している客だけでなく、焼きトウモロコシやタイパンツや木彫りの置物や笛やサングラスやブレスレット、本物かどうか怪しい腕時計などを担いだ物売りたち[※1]が行き来し、それを眺めたり撮ったりしているとぜんぜん飽きることがないからだ。デッキチェアに朝食前から寝転がっているのは自分とカミさん、そして何故かいつも隣り合わせになる、見るからにデッドヘッズという風体の中年夫婦くらい。彼らは退屈そうに本を読んで過ごし、ときどき物売りやホテルの従業員を呼び止めてからかったりしている。その中に特に親しげに挨拶を交わす物売りがいて、どうやらデッドヘッズ夫妻はその男から前にシルクか何かを買ったようである。強面（こわもて）の夫が「明日の夕方、帰るんだ」と彼に話していた次の日の朝、その物売りの男は手作りのレイを持参して夫妻にプレゼントした。2人はとても感激して男をがっちりと抱きしめ[※2]、それから一緒に記念写真を撮っていた。

デッドヘッズ夫妻がホテルを出ていった翌朝、いつものようにビーチを歩く人を撮っていると、ファインダーの中でアイスクリーム売りの少年が自分に向かって手を振る。その少年はいつも茶色いヤンキースの野球帽をかぶっていてとてもフォトジェニックだったので、毎日、彼が通るのを楽しみにしていた。島中を歩いたとしても、古いポラロイドカメラを使って写真を撮っているのはおそらく自分だけに違いないから、とっくに少年に顔を覚えられていたのだろう。なんだか嬉しくなって呼び止めてみた。呼び止めたのはいいが、彼が売って歩いているのはアイスクリームである。まだ朝食も食べていないというのに、たっぷりのチョコレートでくるまれナッツをしこたままぶしたアイスクリームバーを買うことになる。一日中、胸焼けすることを覚悟した。少年に「明日、帰るよ」と言ってみたが、どうやら英語はほとんど通じていない様子だった。

※1　一度だけバリに行ったことがあって、いまはどうか知りませんが、クタの物売りがしつこくて困りました。それに比べ、彼らのなんと人の良いことか。

※2　ウィリアム・クラインの映画『ミスター・フリーダム』（1968）の主人公が挨拶代わりに相手を抱え込んでボディに軽くパンチを入れる、まさしくアレをやってました。やっぱり彼らはアメリカ人だったんだと思った。

Nestlé のチョコレートナッツバー　サウス・チャウエンのビーチにて

036

フォリオのラテンブレンド

年末の休暇に入る直前にフォリオに寄ったら、「新年は2日から営業します」と貼り紙がしてある。ちょうど、東京に戻ってくるのが1月2日の早朝の予定だったので、帰ったらすぐにフォリオに行けるのだと思うと嬉しくなった。代官山がいまよりもずっと代官山らしかった頃、自分は祐天寺に住んでいて、週末によく歩いてコーヒーを飲みにきていた。内装がちょっとだけ変わったのと、いつも頼んでいたマロンケーキがいまはメニューからなくなってしまったこと以外は、ほとんど最初にこの店に入ったときの印象のままである。急に雨が降り出した日曜日や近所のレストランで結婚披露パーティがあった祝日など、満員で入れないこともあるが、だいたいはちょうどいい程度にぱらりと客がいて、自分もカウンターの隅に陣取り深煎りのラテンブレンドを注文する。

去年の夏の終わりだったと思う。いつものようにカウンターで新聞を読んでいたら、ミーシャ・ホーレンバックが細君と一緒にふらりと入ってきたことがあった。ふらりといっても、ミーシャはメルボルンに住むアーティストである。その彼が、ほんとうにふらりと、近所の喫茶店にコーヒーを飲みにきましたという感じで現れた。驚いた。驚いたのだが、なんとなく理由もわかる。ちょうど共通の知人であるロンドンに住むジェームス・ジャーヴィスから送られてきたフィギュア[※1]の中に、ミーシャをモデルにしたものがあったのと、同じシリーズに侍の格好をしたものがあって、そのフィギュアの解説に「コーヒーの味にうるさい」というようなことが書いてあったから、侍のモデルに違いないEくんがミーシャやジェームスにフォリオを教えたのだろう。確かめてみるとやはりそうだった。ラテンブレンドを2杯ずつ飲んで、ひとしきり話をして別れる頃には、またすぐにミーシャと偶然ここで会うような気がしてくるから不思議だ。ちなみに休みの日の起き抜けのコーヒーを飲みにくるEくんもよく見かけるが、それは自分にとっては、家で朝飯はもちろん、昼飯も終えて食後のコーヒーを飲みにくる時間帯である。

※1 AMOS TOYのこと。気になったので確かめてみたら、ジェームスも東京に来るとフォリオでコーヒーを飲んでいるそうです。

ラテンブレンド　**CAFFE FOGLIO**　東京都渋谷区猿楽町23-3-B1

037

ディプティックのキャンドル

フレグランスキャンドルという名前を口にするだけでなんだか気恥ずかしいというか、眉毛の辺りがむず痒くはなるのだが、実際に使ってみるとそれはそれでなかなか良いものなので困る。ディプティックのキャンドルをいつも使っていますと公言するなど片腹痛い。しかし、いつも使っている。ますます困る。しかも売っているのがギンザコマツで、仕事場に近いので自分で買いにいく。さすがに野球帽をかぶりフリースを着てリュックを背負った男がディプティックを買いにくることはほとんどないだろう。[※1]場違いな客であることは自覚しているから、少しでも短い時間で買い物をすませるためにいつも同じものしか買わない。カシスの葉とブルガリアローズの香りの〈ベス〉である。もともと何かを気に入ると、他に良さそうなものがあっても同じものばかり買ったり注文したりするほうだ。51種類の香りが揃っていようがベスと決めればベスで押し通す。とはいえ、どんなに良い香りでも、ずっと嗅いでいるとだんだん慣れてしまい匂いを感じなくなってしまう。たまたま近所のアーツ&サイエンスという店で〈ムース〉というキャンドルを見つけた。ちょっと嗅いでみるとレモングラスのような香りがする。面白いなと思って買ってみた。蠟もライムグリーン色だし、何かアジア的な感じがしてすごく気に入り、これからはムース一筋でいくことにしようと決める。

コマツにムースを買いに出かけた。店の女の子もこの香りが好きで家で使っていると言う。「これはレモングラスの匂いですか？」と尋ねると、「苔(コケ)の香りです」と答える。確かに言われてみれば、苔という名前なんだから苔の香りに決まっている。女の子は笑いながら「レモングラスの香りがお好きなら、こちらも良いかもしれません」と、クマツヅラの香りの〈ヴェルヴェヌ〉を薦めてくれた。これも好みだ。結局、両方包んでもらう。会計を終えると、今年から始めたというポイントカードをくれた。そこには001という番号がふってある。今年最初の客が自分のような男でいいのだろうか。

※1　夏はもちろんビーサンで。

DIPTYQUEのキャンドル MOUSSES　www.gpp-shop.com

038 サヴィニャックのポスター

11時の開店とほぼ同時に蕎麦屋に行って親子じそばを食べた後、コーヒーを飲もうと思いフォリオに向かった。いつものことだ。途中、木屋ギャラリーのウィンドウを横目でちらりと眺める。サヴィニャックのポスターが飾られていて、わりとこまめにそれが替わり、しかもちゃんと季節に合った内容になっているので、通るたびに茶室の掛け軸でも眺めるような気分で楽しませてもらっている。これもいつものこと。ところが、四つ角の赤信号で立ち止まった瞬間、何かがいつもと違っていたような気がしてきた。それで、ギャラリーの前まで戻ってみると、果たして、ウィンドウの中にこれまで一度も見たことのないポスターが飾られていたのだ。

サヴィニャックの作品のことならなんでも知っているつもりでいたが、その小さな赤いポスターははじめて見る。※1 2つのコルク抜きの持ち手がそれぞれ男女の顔になっていて、「LES BOUCHONS-TOKIO」という文字が描いてある。女性の顔は欧米人が描く典型的なアジア人女性のそれだ。赤い色と微笑ましい図柄とトキオの文字に惹かれ、どうしてもそのポスターが欲しくなった。値段を確かめると思ったほどは高くない。意を決してはじめてギャラリーの中に入ってみた。「ウィンドウに飾られている赤いポスターを買いたいのですが」。応対に出てきた女性にいきなり申し出ると、彼女はちょっと面食らったような様子で、「サヴィニャックがお好きなんですか？」と探るように尋ねる。ずいぶん前だが、サヴィニャックが住んでいることを知らずにトゥルーヴィルに行き食堂に入ったら、そこのメニューの表紙に描かれた絵がサヴィニャックのものだったので、思わず「サヴィニャックだ」と叫んでしまい、給仕に「彼はこの町の誇りだよ」と教えられたという話をした。彼女が笑顔になった。このポスターは１９９９年に、ギャラリーの依頼で描き下ろされたものだ※2そうだ。赤の塗り方の適当さ、文字の輪郭の滲み。晩年のサヴィニャックのおおらかで幸福な生活ぶりが伝わってくるようで素晴らしい。

※1 見たことがないと思ったのですが、家であらためて見直してみたら彼の作品集『Savignac Affichiste』にきちんと載っていました。豊島園のポスターの隣のページです。

※2 このギャラリーのオーナーが代官山でやっていたワインバー「LES BOUCHONS-TOKIO」のための作品。その店のことは知らなかった。そして、残念ながらいまはもうやっていないそうです。

Raymond Savignacのポスター LES BOUCHONS-TOKIO（額付き）
木屋ギャラリー www.kiya.co.jp

039

御霊神社の御神札

カミさんと初詣でに行った。毎年、初詣では坂ノ下の御霊(ごりょう)神社と決めている。というよりも、ふだんから何かあるごとに御霊神社にお参りに行く。何があるかというと、旅行や出張があるのである。自分は飛行機が大嫌いだ。電車で行ける所はどんなに遠くても、札幌だろうが博多だろうが絶対に電車で行く。海外だけはそういうわけにいかないから、不承不承、飛行機に乗ることになるのだが、いつも不安で仕方がない。それで御霊神社に行く。神棚があったが、仏壇もあって、クリスマスにはケーキを食べるような家で育ったので、別に信心深いということではないと思う。とはいえ、無神論者というわけでもない。飛行機が離陸するときには気がつくといつも手を合わせて何かに祈っている。それは神様にではないが、自分以外の何かであることは確かだ。御霊神社に参拝に行くのも、やたらと験(げん)を担ぐのも、何か安心できる理由が欲しいからだろう。本殿の前に進むとカミさんが財布から賽銭を出そうとした。慌てて自分の小銭入れからカミさんの分も出して渡す。いつもと違うことをしてはいけないのだ。二拝二拍手して、目を閉じ、ものすごくたくさんのことを祈念して顔を上げると、カミさんがとっくのとうに最後の一拝もすませ、所在なさげにしているのもいつもと同じだ。これで良し。

社務所で去年の御神札(おふだ)を納め、新しいものを買った。カミさんは御御籤(おみくじ)を引く。※1 どうしてそんな大胆なことができるのだろう。もし悪いものでも引いたら、自分ならしばらくは立ち直れない。帰りに力餅家に寄る。ちょうど団体客がどっと入ったところで時間がかかったが、無事に福面まん頭も手に入れた。ついでに、久しぶりに安斎青果店にも寄って蜜柑を買おうという話になった。以前この近所に住んでいた頃、安斎で買う蜜柑はとても甘くて一度もはずれがなかった。カミさんが行くと、いつも「奥さん、どうも」と愛想の良い主人が奥から出てくるので、勝手に「奥さん、どうも青果店」と呼んでいた。店の前に行くと戸が閉まっている。人が住んでいる様子はまったくなかった。

※1　小吉だったようです。

御神札　　**鎌倉御霊神社**　神奈川県鎌倉市坂ノ下4-9

プチ
ファブ！

004

レペットのダンスシューズ

こんにちは、「カミさん」です。

いきなりですが、私は裸足が大好きです。開放感があり、足の裏でいろいろな感触を味わえる気持ち良さは格別。できることなら一年中裸足で過ごせる所に住みたい。それが私の夢です。というわけなので、靴下にあまり執着がなく、買っても買っても、何故か片足だけ消えてしまうという不思議なことがよくあります。ダンナ様は「きっと家のどこかに靴下の墓場があるんだろうね」と言うのですが。

靴を履くなら、できるだけ裸足に近い感じのものを選びます。そりゃ高いヒールの靴は、確かに綺麗だし女っぷりも上がるので、いちおう持ってはいますが、情けないことに長時間は履いていられません（3時間が限度）。このレペットのダンスシューズは足入れがとてもよく、靴擦れ知らずの優れもの。そして何よりも、あのセルジュ・ゲンスブールが愛用した一品でもあります。もちろん、履くときに靴下をつけてはいけません。

repettoのダンスシューズ　www.repetto.jp

040

ハミルトンの腕時計

高級腕時計がブームのようだ。雑誌を見ては、スイスで何が起きているかに関心のない人間は落後者だと言われているような気分になり落ちこむ。テレビでも、街頭インタビューに答えるＯＬたちが、ボーナスが出たら買いたいものとして腕時計を挙げていた。自分へのご褒美、とかなんとか。欲しいものを自分の金で買うのに「ご褒美」などという言い訳は必要ないと思うが、それは話の本筋とは関係がないので置いておく。もちろん、自分だって新しい腕時計が欲しいと思わないわけではない。いや、むしろ欲しい。しかし、その値段が数十万、数百万となれば、別の世界の話という気がするのだ。この歳になっても家とクルマを買った経験がないので、高額な買い物といえば、この駄文を書くために使っているパワーブックＧ４あたりが自分にとっての最高額ということになる。いかにも小さい。腕時計に7桁の大枚をはたくなどあり得ない。

使っている腕時計はロレックスのサブマリーナーだ。はじめてのパリ出張の行きだったか帰りだったかに、アンカレッジの空港免税店で買った。パリに行くのにアンカレッジを経由するという時点で、ずいぶん前の話だということはわかってもらえると思う。15万円だった。ＮＡＴＯ軍仕様のロレックスを友人に譲ってもらったことがあって、それも15万円だったと思うが、どこかに置き忘れてしまい、あちこち捜したがとうとう見つからなかった。すごく悲しかった。何年かして、新宿の伊勢丹で同じ型のものが売られているのを見かけたものの、40万円だったので諦めた。他にはＣショックとスウォッチとタイメックスを持っている。どれも電池が切れたままだ。結局、ずっとサブマリーナーばかりつけている。たまに、文字盤の白いものが欲しくなったりするので、雑誌などを見てみるが、そこには最初の話にあるように高級腕時計しか載っていない。まあ、サブマリーナーで良しとしよう。そう思っていたら、偶然入った文具店のショーケースにハミルトンが飾られていた。そうだ、ハミルトンがあったじゃないか。

041

夕方のバンコク・ポスト

クリスマスの翌日、日の光が完全に背中側にまわる午後4時近く。ビーチから部屋に戻ろうかという頃合いに、カミさんが何の脈絡もなく「タイは地震があるのかな」と呟く。自分の知っているかぎりだと、タイはどのプレート境界とも無縁だったから、「インドネシアは多いけど、タイはない」と答えた。間違ってはいないはずだ。[※1] 部屋に戻ると、テラスのテーブルの上に『バンコク・ポスト』が届けられている。この英字新聞を読むのが夕食までのほとんど唯一のお楽しみだ。バンコクから飛行機で1時間ほどタイ湾を南下した長閑な小島だから、新聞が届くのは決まって夕方近くなのである。1面には、サンタクロースの格好をさせられた象に笑顔の少女が頬擦りをしている写真が載っていた。

夜、ホテルのレストランで夕食をすませ、部屋に戻ってしばらくすると電話が鳴った。一緒に来ている友人一家の実家からで、どうやら交換手が繋(つな)ぐ部屋を間違えたらしい。「津波は大丈夫なの?」。慌ててテレビをつける。その時点まで地震のことも津波のこともまったく知らなかった。そういえば、夕食前、町にミネラルウォーターを買いにいったときに、カフェに人だかりがしていて皆が食い入るようにテレビを見つめていた。テロでもあったのだろうかなどとカミさんと話していたのだが、あれは津波のニュースだったのだ。ニュースチャンネルは早口の英語かタイ語のものしかなく、まだ情報も混乱しているからかいまいち状況がのみ込めない。翌日はホテルを移る日で、フロントで「カタストロフ」という大見出しを打った新聞をちらりと目にしただけだった。次のホテルは新聞のサービスがなく、自分で買いにいかなくてはならない。夕方、町に出たが英字新聞はすべて売り切れ。ドイツ語やフランス語やイタリア語の新聞のコピーが180バーツで売られていた。次の日も、スーパーマーケットに残っていた最後の1部を目の前で別の客に買われてしまい手に入れられない。3日目にようやくバンコク・ポストとネーションを買い、津波による死者が5万人に上ることを知った。[※2] 言葉もなかった。

※1　間違いでした。この日、スマトラから遠く離れたチェンマイなどでも大きな揺れがあり、ワット・スアン・ドークの尖塔が崩れたりしたそうです。

※2　2004年12月29日の時点の話。タイから東京に戻り、テレビの映像を見、新聞の記事を読んで、被害の甚大さをやっと心底から実感しました。地震と津波に巻き込まれ、命を落とされた方々のご冥福を心よりお祈り申し上げます。

Bangkok Post（Wednesday, December 29, 2004）　**BANGKOK POST**　www.bangkokpost.com

042

百苑の鍋焼ききしめん

初詣での帰りに何か食べたくなった。寒い日だったので温まるものがいい。ちょっと距離はあるが、坂ノ下から大町まで歩いて「百苑（ももぞの）」に行くことにした。いつもの裏道ではなく、久しぶりに由比ケ浜の商店街を歩く。午後からどんよりと曇ってきて、前方には薄黒い雲がかかっているのに、後ろは晴れているらしく、遠くの建物の屋根や壁が夕日に照らされてオレンジ色に光っている。美しい。いくつか知っている店がなくなり、いくつか知らない店ができていた。知っている店は、行く行かないは別にして、それなりに風格があった。そして、新しくできたものは、どうにも中途半端な媚（こび）が剝（む）き出しになっていて、この商店街をより痛々しいものにしているような気がした。ちょっと遅い時間だったのでやっているかどうか不安だったが、百苑に着くとご主人がにこにこと迎えてくれる。軽く年始の挨拶をして、席に座り鍋焼ききしめんを注文した。お茶を持ってきてくれた若主人が「ほんのおしるしですが」と言いながら、年賀の熨斗（のし）をした小さな包みを置いていく。それは毎年、清水産寧坂の京七味と決まっていて、今年もそれをいただけたことがすごく嬉しかった。20年近く前まで、仕事場の近くの歌舞伎座の横にさつまやという小体（こてい）な店があり、美味しいご飯を食べさせてくれるので三日にあげず通ったが、ある年のはじめに年賀の手拭いをいただいたことがある。同じようにそこに通う友人たちはもらってなかったらしく、それからしばらく、その手拭いは自分の密かな自慢になった。

百苑の鍋焼ききしめんは、なんと言ったらいいのだろう、全体に優しい味だ。温かみとしか言いようがない。鍋焼きだから熱いのは当然だが、それとは別の温かみ。季節が夏であれば、鍋焼きではなくざるきしめんを注文する。そのきりっと冷えたつゆにさえ温かみを感じるのである。前にご主人にちょっとだけ話を聞いたら[※1]、銀座で修業しているときに、同じ店に勤めていた女性を見初めて結婚し独立したのだと話してくれた。その女将（おかみ）さんの姿をここしばらく見ないのが、少し気にかかる。

※1　店の人と個人的に親しくなることはほとんどありません。店の人から、「あの人はよく来るけど、一体、何をやっている人だろう」と思われるくらいの関係が好きです。

鍋焼ききしめん　**百苑**　神奈川県鎌倉市大町1-3-16(閉店)

043 近代美術館のジャン・プルーヴェ展

　近代美術館でジャン・プルーヴェ展をやっていることをすっかり忘れていた。もう会期は幾日も残っていない。鶴岡八幡宮の人出を思うとこの時期は避けたかったが、そうも言っていられないのだ。段葛（だんかずら）を歩いていくと、案の定、三の鳥居の50メートルくらい手前からそれ以上先に進めなくなった。そこから気の遠くなるような時間をかけて近代美術館の裏まで歩き、建物の脇から正面にまわる。珍しく入場券売り場に短いながらも行列ができていた。中に入ると若い客が多い。展示された家具を一生懸命スケッチしたり、熱心にノートに何かを写しとっている。たぶん建築を勉強しているのだろう。この美術館を設計した坂倉準三と、間にル・コルビュジエやシャルロット・ペリアンを挟んだジャン・プルーヴェ[※1]との関係を考えれば、ここでプルーヴェ展が開催されるのは素晴らしいことだと思うが、個人的には、こぢんまりとした鎌倉近代美術館にプルーヴェの展示はサイズが合っていないように感じ、少々息苦しかった。いちばん好きだったのは第2展示室の、ロレーヌ地方ナンシーの自邸にまつわる一連のものだ。ここにもまた理想の家があった。無性にフランスに行きたくなる。もし機会があれば、カップ・マルタンにあるル・コルビュジエの夏の家も見てみたいし、ああ、行きたい行きたい。

　正直に言う。ジャン・プルーヴェ展を忘れていたというのは正しくない。近代美術館の改修が終わり再開されていたこと自体を忘れていた。あれほど「自分のいちばん好きな美術館」と触れまわっているのに、情けない。展示を観終えてから2階にある喫茶室のテラスでコーヒーを飲んだ。鳶（トビ）が遠くのほうで鳴いている。太陽が雲に隠れて寒くなってしまったので長居はできなかったが、またこうしてここでコーヒーを飲めるようになって良かった。1階に下り、パティオの真ん中にあるイサム・ノグチの彫刻をじっくりと眺める。カミさんが彫刻と一緒に写った写真が欲しいと言うので、ポラロイドで撮ってあげた。八幡宮の参道に戻ると参拝客はさらに増えている。お参りをせずに帰った。

※1　ちなみに、会場でも売っていたTOTO出版の『ジャン・プルーヴェ』は素晴らしい本です。

『20世紀デザインの異才 ジャン・プルーヴェ』
神奈川県立近代美術館 鎌倉　www.moma.pref.kanagawa.jp

044

石丸製麺の讃岐うどん

一度しか行ったことがないが、高松の「久保」という店で食べたうどんの味が忘れられない。住宅街にある小さな製麺所が、あいているスペースにテーブルと椅子をいくつか並べて、その場で食べることができるようにしたという体(てい)の店だ。友人から聞いた住所を頼りに、駅で借りた自転車で行ったのだが、さんざん迷ってようやく見つけたものの、店の前にできた長い行列に一瞬たじろいだ。時間がかかることを覚悟して最後尾に並ぶ。しかし、客も店も心得ていて、手短に注文し、ぱっと出てきたうどんをするっと食べさっと帰っていく。胸のすくようなスピードだ。食べる前から讃岐うどんが好きになってしまった。残念ながら、この店はすでに商売をやめてしまったと高松に住む別の知人が前に教えてくれた。だから二度と食べられないのだ。

　Nくんのご両親から送っていただいた亀城庵(きじょうあん)の讃岐うどんの味も忘れられない。これは取り寄せできるので、食べようと思えばいつでも食べられるものだが、自分は所謂(いわゆる)「お取り寄せ」が好きではない。それは、遠方でしか手に入らない美味しいものをわざわざ送ってくれる人がいるということのほうが、自分でそれを取り寄せて家に常備することよりも、何倍も幸福に感じるからである。とはいえ、無愛想で筆無精な自分であるから、そうそう香川のうどんや高知の小夏やら紋別の毛蟹やらが送られてくることはない。それが現実だ。

　讃岐うどんが食べたくなったら近所の東急ストアに行き、石丸製麺の讃岐うどんを買う。長葱と生椎茸と酢橘(すだち)と鶏の胸肉も買う。それと、忘れてならないのはヒガシマル醤油のうどんスープ。これだけ揃えれば、そこらの蕎麦屋で食べるうどんが恥ずかしさのあまりどこかに逃げてしまうくらいの讃岐うどんが自分で作れる。袋の裏の注意書きにある通りに、たっぷりのお湯できっちりと13分間茹で※1冷水できちんとしめる。ああ美味い。ちなみに半生タイプも売っているが※2、自分はいちばん安いこの乾麺タイプで十分だと思っている。それにしてもだ、人間、人づき合いは大切にしなくてはいけない。

※1　13分よりも短めがコツ。
※2　お取り寄せもできるみたいですよ。www.isimaru.co.jp

本場 讃岐うどん　　石丸製麺　香川県高松市香南町岡701　www.store.isimaru.co.jp

045

サルヴァドールのレコード

いろいろな人に原稿を書いてもらい、仲間とフリーペーパーを作っていた時期があって、そこに「これが手に入ったら、レコード人生[※1]も終わりかな」という文章を寄せてくれた女性がいた。彼女は、そういうレコードとしてカエターノ・ヴェローゾとガル・コスタの『ドミンゴ』を挙げている。そして、当然のこと、それを手に入れても何も変わらなかった、つまりずっとレコード人生が続いているとも書いていた。

去年の師走にレコードを買うのはもうやめようと思ったという話は、以前、書いた。そして、きちんと譲るものは譲り、宣言通りレコード人生に終止符を打った。自分は意志が固いのだ。ところが、今頃になって「これが手に入ったら、レコード人生も終わりかな」という一枚が現れたのである。悪魔の囁きはミカドさんが持ってきた。曰く、カナダのディーラーからアンリ・サルヴァドールの『レクスプロージョン』が見つかったという連絡があった。しかし、ミカドさんはそれを別のところですでに入手してしまったので断ろうと思ったが、それをずっと欲しがっていた自分のことを思い出し返事を保留している。「さて、どうしますか?」と言うのである。'80年代にパリのサン・シュルピス教会前広場で、はじめてアンリ・サルヴァドールの『ホイ・トン・チー』という7インチ盤を買って以来、主だったアンリのレコードは手に入れたし、別にコンプリートでコレクションしたいわけでもない。ただ、7インチ盤で持っている、映画『レクスプロージョン』[※2]のためにアンリが書いた「ヴィヴレ・オ・ソレイユ」という美しい曲が大好きで、そのサウンドトラック・アルバムは聴いてみたいとずっと思っていた。それが手に入るというのだ。「とても残念ですけど、レコード人生はもう終わりにしたのでお断りしてくださいい」などと返事をするはずないじゃないか。というわけで、自分にとって「これが手に入ったら、レコード人生も終わりかな、と考えることも終わりかな」という一枚として、ここに『レクスプロージョン』を挙げておきたいと思う。

※1　レコードを買い、蒐集し続ける人生のこと。

※2　映画自体の資料は見たことがない。監督はマルク・シムノン、ジャケットに写っているのは主演女優のミレーヌ・ドモンジョ。もしかしたら、これはサントラ盤ではなく、映画のためにサルヴァドールが作った曲を自身が再録したものかも。そのあたりはミカドさんに聞いてみないとわからない。ちなみにターンテーブルを持っていないので、まだ聴いていません。

Henri Salvador『L'EXPLOSION』　ミカドさん経由でカナダのディーラーから入手

046

木彫りの僧侶像

島のメインストリートを歩いていたら骨董屋を見つけた。何度も歩いているのに、ちゃんとした骨董屋があるとは気がついていなかったので、早速、中に入ってみた。繊細な、とはいっても日本のものとは違い、どこかいなたさを残した漆の盆や小物入れや椀、仏像や象の彫り物などがきれいに並べられている。こういうのは大好きだが、だいたいは大き過ぎたり重過ぎたり高価過ぎたりで、飛行機で持って帰ることを考えると諦める場合がほとんどだ。棚の上の天井に近い所や足元まで丹念に見てまわると、木彫りの小さな像がいくつかあった。どれも欲しかった。もちろん全部を買うわけにはいかない。さんざん迷った揚げ句に、台座をくすんだ朱色に塗った金色の僧侶の像を買うことにした。※1

いまはどうか知らない。昔、パリのマビヨン通りの近くにキリスト教関連の書籍やイコンなどを売る店が何軒かあって、そのうちの1軒のウィンドウに木彫りの聖母子像が飾られていた。それは、他に並べられたいろいろな像のどれとも違い、少しばかり粗野で朴訥とした感じのあるものだった。そこがとても気に入って買いたいと思ったけれど、果たしてキリスト教徒でもない自分がこのようなものを買っていいのだろうか。一緒にいた英国人のJに、その宗教を信心していない者がこういう像を外国旅行のみやげとして買うというのはあまり感心できない行為だと思うかと尋ねる。彼は「ぼくはプロテスタントだけど、そんなこと気にすることはないさ」と笑いながら言った。それを聞いて安心して、すぐに店に入りウィンドウの像を指さして包んでもらう。後日、Jのアパルトマンに遊びにいくと、居間の壁にはドゴン族の仮面が掛けられ、寝室の枕元にはバリで買ったと思われる小さな仏像と鎌倉の大仏のミニチュアが飾られていた。特に宗教的な何かが好きだということではないが、魅力的だなと思うのはだいたいそういうものだ。だから、自分の部屋にも、ヴェネツィアの天使像とかオアハカの髑髏とかが、御霊神社の御神札の前に乱雑に並んでいる。氏神さま、申し訳ありません。

※1　タイから骨董品を国外に持ち出す場合は、芸術局から許可を受ける必要があります。

木彫りの僧侶像　**ORIENTAL GALLERY**　39/1A Chaweng Beach Road, Koh Samui, Thailand

プチ
ファブ！

005

アヴェダのピュアフュームアロマ

お早うございます、「カミさん」です。
小さい頃から良い香りのするお姉さんに憧れていた私は、匂いにはとても敏感に反応する子供でした。気に入った香りのついた消しゴムを嗅ぎすぎて頭が痛くなったり、母親の香水を勝手に拝借、つけすぎて妙に大人の匂いをぷんぷんさせたり、柑橘系のコロン（懐かしい響き）をつけたらトイレの芳香剤の匂いと同じだったり、いろいろ失敗もありましたが、「匂い」と「臭い」の区別は自分なりに勉強したかなと思います。そのおかげで、友人だけでなく初対面の方からも、「なんかいい匂いがしますね」と言われることが多く、「そぉですか？」と恐縮しつつも、なんだかとても嬉しい気分になってしまいます。
このアヴェダの〈ＧＡＩＡ〉は、海と土と木と花の香りという、あまり説明になってはいませんが、他にない香りが魅力的です。それまではいろいろなものを試していたけれど、ＧＡＩＡを知ってからはすっかりはまってしまい、ニューヨークに行くたびに買いだめをしています。つけていると、銘柄を聞かれることが多く、そのたびに得意気に説明をしているのです。去年も、そろそろ家の在庫が切れそうだったので、買い足しをしようとソーホーにあるショップを訪れました。ところが、いつもズラリと並んでいるＧＡＩＡが１本しかないのです。スタッフに尋ねると、「間もなくＧＡＩＡは生産終了になる。これが最後の１本です」と言うではありませんかぁ!!　大ショック!!　私の香りがなくなってしまう。途方に暮れました。また香水探しの旅に出ようと思います。

AVEDAのピュアフュームアロマ GAIA　（日本未発売、すでに生産終了）　ニューヨークの「アヴェダ」にて購入

047

バッハのチョコレートケーキ

バッハに行った。東京で五本の指に入ると噂に高い自家焙煎コーヒーの店だ。仕事でお願いしたいことがあってコーヒーに詳しい友人に相談したら、それは「カフェ・バッハ」のオーナーに頼んでみるのがいちばん良いと思うと言われ、連絡をして時間をつくっていただくことにした。バッハは山谷にある。山谷には、用がないのに近づいてはいけない場所という子供の頃からの刷りこみがあり、一度も行ったことがない。最寄り駅を尋ねると南千住だそうだ。確か、パリから正月休みで戻ってきたチヨちゃんが、「アラン・デュカスのためにコーヒーをブレンドした喫茶店が南千住にあるんだって」と話していたが、南千住はコーヒーの名店が多い町なのだろうか。秘書の方に店の上にある事務所に案内されオーナーに会う。情熱を持ったリベラルな人で、その話はとても興味深いものだった。コーヒーとケーキを奨められるが、オーナーの話はさらに熱を帯びてきて、どのタイミングで手を出すべきかがわからない。美味しそうなチョコレートケーキなので我慢できなくなり、話を遮るように「いただきます」とフォークを取った。まったく大人げない。

そのチョコレートケーキがまた食べたくなった。前回は店の雰囲気も味わえなかったし、いい機会なのであらためてバッハに行くことにした。カウンターに座りコーヒーとチョコレートケーキを注文する。品切れだった。「たまたま今日だけなんです」と店員が申し訳なさそうに言う。ショートケーキとチーズケーキがあった。どちらもそれほど好みのものではないが、せっかくだからショートケーキを頼んだ。コーヒーは焙煎の深いブレンドにする。驚くほど軽い。もの足りないということではない。コーヒーがこんなに爽やかな飲み物だったろうかと不思議に思うような軽さだ。ショートケーキを食べる。お目当てのケーキではないので特に感慨はない。ところが、コーヒーを口にするとショートケーキの後味がいきなり増すのだ。ワインと料理の、所謂マリアージュと言われるあれと同じである。素晴らしい。でも、次回は絶対にチョコレートケーキだ。

チョコレートケーキ　café Bach　東京都台東区日本堤1-23-9　www.bach-kaffee.co.jp

048

レイバンのサングラス

　サングラスをかける習慣というものがなくて、どんなに陽射しの強い場所に行っても普通の眼鏡をかけていた。ところが数年前に行った南の島の陽射しは普通ではなかったらしく、東京に戻ってしばらくたったある日、横のものを見ようとして眼球を動かしたらパチッとフラッシュが光ったように感じた。それが数日続いてから、今度は眼の前に埃のようなものが飛ぶようになる。網膜剝離かもしれないと思い眼科で診てもらうと、飛蚊症(ひぶんしょう)と言われた。「歳をとると、わりと誰でもなるんですよ」。確かに歳はとっている。だが、直接のきっかけは絶対にあの強い陽射しだったと思いたい。度が合わなくなってきた眼鏡をそろそろ作り替える時期だし、ついでにサングラスも作ってもらおう。その眼科で検眼をしてみると、ひどい近眼と乱視に、やっぱり老眼が加わっていた。何かとんでもないことになっている。そんな騒ぎの末に作った度入りサングラスを、今回の旅行の前日に慌てて探したのだが出てこない。諦めて、空港で買うことにした。

　乗り継ぎの空港の免税店でサングラスを探す。もちろん度入りのものがあるはずはなく、ふつうのサングラスが並んでいるが、専門店ではないから選択の幅も狭い。ところで目の悪い人は、眼鏡を買う際に、どうやってそれが似合うかどうかを判断しているのだろうか。なにしろ眼鏡をかけた自分の顔が、いつもかけている眼鏡をはずしているので見えないのだ。友人は「コンタクトをしているときに買いにいく」と言っていた。だが、自分はコンタクトを持っていない。小さな鏡に顔を思い切り近づけ、あれこれ取っ替え引っ替え試してみるが、とにかくぼんやりとしか見えないし、しかもサングラスだから薄暗い。だんだん面倒臭くなり、レイバンのものを適当に選んで買った。次の日の朝、真新しいレイバンをかけてビーチに行く。度が入っていないので遠くはぼやけるが、読書にはまったく差し支えない。[※1] カミさんがポラロイドカメラで記念写真を撮ってくれた。そこには、いまどきミラーのサングラスをした人相の悪い男が写っていた。悲しい。

※1　老眼だからね。

Ray-Banのサングラス OLYMPIAN SQUARE NYLOR

049

歌舞伎役者の手拭い

高田喜佐さんから届いた封書を開けると、御年賀の熨斗がかけられた日本手拭いが入っていた。ハイヒールのイラストが染め抜かれているオリジナルのものだ。しかもところどころにそのハイヒールの4倍くらいの大きさのキスマークを配してあるのが可笑しい。喜佐さんは自分よりもずっと年上の女性だが、いつまでもほんとうに可愛らしい人なのだ。その手拭いを見ていて、なんだか歌舞伎役者みたいだなと思った。大野屋で売っている、菊五郎格子や松緑格子の手拭い。まさしくあれである。そう思ったら、久しぶりに大野屋に行きたくなった。以前は、仕事場のすぐ近所だし、海外に出張するときなど手拭いは嵩張らないおみやげとして重宝するので、わりとよく利用していた。最近はめっきり行く機会が減っているとはいえ、晴海通りと昭和通りの大きな交差点の一角に、こんな小さな老舗の足袋屋が変わらずに在ることが、この界隈の好きなところのひとつだ。

薄暗い店内に入ると、ほんの少しだけ違和感がある。手拭いの数が減り小物類が増えているような気がするが、そのせいかもしれない。お目当ての歌舞伎ものはすぐに見つかった。じっくりと眺める。特に贔屓の役者がいるわけでもないから、ただ柄の面白さでもってあれこれ迷い、天鯨の菊五郎格子と、坂東三津五郎、それに斜柄の高麗屋を選んだ。[※1] 代金を払うときに天鯨の意味を尋ねてみる。手拭いを横にした上半分に柄のあるものを「天鯨」、斜めに半分だけ柄のあるものを「斜柄」、手拭い全体に柄のあるものを「総柄」と言うのだそうだ。いろいろな柄が貼り付けられた大きな台帳のようなものを示しながら親切に教えてくれた。歌舞伎の屋号や家紋などに急に興味がわいてきたので、帰りに昭和通りの奥村書店[※2]に寄っていく。ちょうどいい入門書のようなものがあれば欲しかったのだが、見つからなかった。そういえばいつだったか、やっぱり気まぐれで大野屋に入り、何枚か歌舞伎役者の手拭いを買ったことを思い出した。あれはどこにやってしまったのだろう。自分で使った記憶もないし、人にあげた記憶もない。

※1　でも、いちばん好きな柄は（歌舞伎とは直接は関係がないけど）やっぱり豆絞りです。
※2　歌舞伎と演劇専門の古書店。いい店。こちらは4丁目店で、すぐ近く、松屋通りのひと筋京橋寄りの通りに、味のある3丁目店があります。（閉店）

菊五郎格子（天鯨）の手拭い　**銀座大野屋**　東京都中央区銀座5-12-3

050

モノポールのマコン・クレッセ

一度だけロマネ・コンティを飲んだことがある。場所はリヨンの「ラ・ロマネ」というレストランで、ヴィンテージは1965年。'65年がどういう年だったかという知識さえない自分でも、それが特別なワインであることはさすがに理解できた。同席したのは、Sさんとチヨちゃん、そして当時はリヨンに住んでいたモノポールのマスターと奥様。ソムリエが美術品を扱うような手つきでコルクを抜き終え高々と掲げてみせると、他のテーブルの客たちが拍手する。みんなで店中の客に目礼をした。それまではワインが嫌いだった。いや、ワインブームが嫌いだったが、この旅で考えが変わった。ロマネ・コンティを飲んだことも大きい。その味に感動したからというより、それに払われるフランス人の敬意を肌で感じることができたからだ。コート・デュ・ローヌ地方のワインを飲み歩くうちに、自分の好きな味がわかってきたようにも感じた。そうすると、その好みの味のものを探すために、急にワイン全体に興味がわいてくる。なかでも白ワインの美味しさが格別だった。白ワインといえばきりりと冷やした酸味のあるものという思いこみしかなかったが、もっと甘くこっくりとしたものがあり、それが料理にすごく合うことを知った。いちばんのお気に入りはラ・ロマネで飲んだマコン・クレッセである。

チヨちゃんがパリから帰ってきているので、モノポールに連れていくことにした。彼女は、ラ・ロマネで一緒だったアツオくんが、東京に戻りモノポールという店を開いたこと、そしてマコン・クレッセをグラスで出してくれることを知らない。久しぶりの再会を喜んだ後、チヨちゃんは喋りまくった。こちらの話も途中で勝手に引き継いで喋る。自分が何の話をしたかったのか忘れてしまうくらい喋る。マコン・クレッセを1杯頼む。美味しい。そしてまたチヨちゃんの機関銃のような喋り。ああ、これこそがフランス。[※1]そんな気分になった夜だった。後日、アツオくんに聞いたら、2年前に急に値段が上がったので、今はグラス売りをしていないのだと言う。申し訳ないことをしてしまった。

※1　念のために付け加えますが、チヨちゃんは日本人です。
※2　現在はアペラシオンの名称が「マコン・クレッセ」から「マコン・ヴィラージュ」に変更になっています。モノポールではマコン・クレッセで通じますが。

Macon Villages　※2（ジャン・テヴネのドメーヌ・ド・ラ・ボングラン）
monopole　東京都目黒区中目黒1-5-8

051

庭のつるばら

なすのやが商売をたたんでしまった。残念である。なすのやは多摩丘陵のどこかにある食料品店だと思う。だと思うというのは、自分はその店のことを庄野潤三の本で読んで知っているだけだからだ。推測するに、閉店は1997年の5月頃の話ではないだろうか。そしてとても悲しいことだが、いつも畑で丹精に育てたばらを届けてくださる清水さんが亡くなられた。年末、旅行に持っていった『庭のつるばら』を読んで、そんなことを知った。庄野潤三は読む小津安二郎である。小津のカラー映画がどれがどれだか区別がつかなくなり、自分にとって心温まるエピソードがつながった長い一本の映画となって記憶されているのと同様、庄野潤三の本も、彼自身と彼の家族と友人と隣人たちの日常を描いた話のどれがどれに収められていたのかがわからなくなる。これはすでに読んだ話だと思っても新しい話であったりするし、その逆もままあることだ。以前からのファンで、発表された順に読んでいれば違うのかもしれない。自分が庄野潤三を読むようになったのは、2年前、ホンマタカシさんに「庄野潤三さんのお宅の庭を撮りたい」と言われたからだ。それまでは、「プールサイド小景」という小説のタイトルと、それが自分の生まれた年に発表され、翌年に芥川賞を受賞した[※1]ことを知っているだけだった。母親が揃えた文学全集で読んだことがあるかもしれないし、ないかもしれない。その程度の認識。

庄野潤三の本には「英二伯父ちゃんのばら」や「清水さんのエイヴォン」など、ばらの話がよく出てくる。いつか庭でばらを育てるような生活をしたいと思う。せめてばらの名前がわかる男になりたい。エイヴォンがどのようなばらか知りたくなり近所の花屋に買いにいく。若い店員に「エイヴォンというばらはありますか?」と尋ねると、「お待ちくださ い」と言うなり奥から店主らしき女性を連れてきた。「エイヴォンは切り花にする種類ではなく、株で育てるものだと思います」[※2]とのことだ。仕方がないので、アヴァランシェという名の白い大輪のばらを買った。それを持ってモノポールに寄ったら、みんなに「どうしたんですか?」と驚かれる。ばらが似合っていないからに違いない。

※1　いまだに、芥川賞の発表時期になると母はそわそわし始め、受賞作が掲載された『文藝春秋』を必ず買っています。

※2　ものすごくきれいだけど、1本600円もしました。

庄野潤三『庭のつるばら』　新潮文庫　www.shinchosha.co.jp/bunko

052

旧型のフィアット・パンダ

街でフィアット・パンダを見かけることが少なくなったが、聞くところによるとフルモデルチェンジをしたそうなので、走っていてもそれと気がついていないだけなのかもしれない。自分は、旧型のパンダを見るととても胸が痛む。

10年前に運転免許証を取得した。さらにその10年前にも教習所に通ったことがある。そのときは、第2段階の途中で、あまりに無礼な態度をとる教官と喧嘩になりやめてしまった。運転ができなくても別に不便に感じたことはなかったが、そのうちに仕事や遊びで海外に行く機会が増え、クルマがないと行きたい場所に行けないことを痛感するようになった。それで一念発起したわけである。

今度こそ免許を取ろうと決めた瞬間から、たまたま自動車雑誌に知り合いがいたりしたものだから、たくさんのエンスージアストがあれこれ口を挟む。いろいろな情報も持ってくる。迷いはしたが、近所に住む知人のHさんが初代のフィアット・パンダを持っていて、毎朝それに乗って出勤する姿がすごく好きだったのでパンダに決めた。[※1]相談のつもりでHさんに話してみると、彼はあっさりと「ちょうど車検切れだし、新しいのを買うつもりだったから、あげるよ」と言う。生まれてはじめての自分のクルマは、友だちからもらったフィアット・パンダ。素晴らしいクルマ人生のスタートになるはずだったが、現実は違った。エンストさせたら15分以上待たないと再度エンジンがかからないという大問題があったのだ。これは若葉マークには厳しい。実際、3度めの運転で、鎌倉の下馬四つ角という交差点を左折しようとしてエンスト。なんとか手押しで道路脇に寄せるまでに一生分のクラクションを浴びせられた。その日からパンダは雨ざらしのまま放っておかれ、1年後にOさんにもらわれることになった。しかし、彼女も引き渡した10分後に極楽寺でエンストさせてしまい、JAFを呼んだが匙（さじ）を投げられてしまう。結局、元の持ち主のHさんが引き取りにきた。パンダを見た瞬間のHさんの悲しげな顔が今でも忘れられない。[※2]

※1　1980年型、つまりジウジアーロ率いるイタルデザインが企画・開発したオリジナルのパンダだったんです。色はアイボリー。かわいかったなぁ。

※2　ちなみにこのパンダ、その後はHさんの会社の後輩が譲り受けて現役復帰。そして数年後に天寿を全うして廃車になったと聞いてます。ほんとにごめんなさい。写真に写っているのは、街でたまたま見かけたものです。念のため。

79年型FIAT Panda　（いろいろな意味でプライスレス）　www.fiat-auto.co.jp/panda

053 マーメイドカフェのBGM

いちばんよく行くカフェはマーメイドだ。理由は家からいちばん近いからである。家からいちばん近い所にあるカフェが、自分にとって必要な条件を満たしていることほどの幸運はない。朝早くからやっていること。軽く食べられるものがあること。そして、持ち帰りもできること。正確に言うと、マーメイドカフェよりも20メートルばかり手前に、つまりもっと家に近い所に別のカフェがあるのだが、そこは始まりが遅いので行ったことはない。たぶん、これからも朝型の自分には行く機会がないだろうと思う。

時間があるかぎりは毎朝、カミさんの出勤前に一緒に行ってコーヒーを飲む。たまに、駅の売店に朝刊を買いにいった後に1人で寄ることもあるが、そういうときはコーヒーとパンを持ち帰りすることが多い。[※1] 通りに面した席に座れた日は、ぼんやりと外を眺める。同じ時間の電車に乗ってきた同じ顔ぶれが歩いていく。元気そうな人もいれば、すでに疲れきってしまったような顔の人もいる。小走りの人も多い。もちろん、みんな知らない人だし、これからも知り合いになることはないだろう人たちだ。なのに、顔見知りのような親近感を覚える。通勤風景というのは、なかなかに良いものだと思う。ところで、季節によって替えてはいるようだが、マーメイドカフェのBGMは基本的にいつも同じだ。たぶん、開店と同時にCDか何かをかけるからだろう、ほぼ同じ時間に同じ曲が流れる。だから、あの曲のイントロが始まったらそろそろコーヒータイムは終わりで、サビまでいったら席を立つというふうに、時計代わりにできるのだ。いまだと、誰が歌うなんという曲かは知らないが、ブラジルのMPBに違いない軽快なナンバーが店を出る合図になっている。「モナリザ」というサビの部分の歌詞だけ聞き取れた。「キミはモナリザのように誰にでも微笑むけれど、お願いだからその笑顔をぼくのためだけにとっておいてほしいんだ」[※2] とでも歌っているのだろうか。「モナリザ」と勝手に呼んでいるこの曲を最後まで聴いたことはない。そうするとカミさんが遅刻してしまうのだ。

※1　家でテイクアウトのコーヒーを飲みながら新聞を読んでフォリオが開店するまで時間を潰し、11時を過ぎたらフォリオに行ってラテンブレンドを飲む。馬鹿かもしれない。
※2　ポルトガル語ができるということではありません。まったくのでたらめな想像です。

MERMAID CAFÉ 代官山店　東京都渋谷区恵比寿西1-35-14　www.mermaid-bp.co.jp/shop/mc

プチ
ファブ！

006

ミーガン パークの布バッグ

こんにちは、「カミさん」です。

みなさんはバッグをいくつ持っていますか？　さすがに1個という人はあまりいないと思いますが、私も数をかぞえるのが恐ろしいぐらい所有しています。

いちばん最初に自分の目で選んでバッグを買ったのは7歳のとき。新宿に住んでいたので、デパートにはいつも歩いていきました。母と一緒に京王デパートと小田急デパートと伊勢丹をはしごしてから、さらに池袋まで足を延ばします。その頃は包装紙が可愛かった西武百貨店に行き、いろいろ見た上で気に入ったものがないと、洋裁をやっていた母は、キンカ堂という生地と手芸用品のデパートで好きな生地とボタンを買って、オリジナルの洋服やバッグを私の分まで作ってくれるというのがいつものパターン。

7歳のときにお年玉を貯めて、母と一緒にバッグを買いにいったのですが、いつもの順番で小田急デパートまで来ると、「これだ！」と心にピンとくるデザインのバッグが見つかりました。それは白と赤のコンビの、カトリーヌ・ドヌーヴが持ってそうなハンドバッグで、とてもモダンな感じ。すぐに買いました。買い物がすんでしまったので、私はとっとと家に帰りたかったんだけど、母は「池袋も行こう」と言います。渋々つき合って、いつもと同じように西武の後にキンカ堂に寄り、花柄の生地とボタンを買って帰りました。その1週間後、母は、私が買ったバッグによく似合うAラインのワンピースを作ってくれていました。やってくれるね！　感謝!!

このミーガンパークは、そんな懐かしいことを思い出させるファブリックのバッグです。去年は、リネンやコットンのシャツにチノパンツの王道スタイルで合わせていましたが、今年は、リラックスしたシルクのきれいな色のワンピースに合わせて、エスニックテイストで持ち歩きたいな。

054

たちばなのかりんとう

甘いものが食べたくて西銀座のウエストまで歩いていったのに満席で入れない。他にどこに行ったらよいかぜんぜん思いつかず途方に暮れてしまった。以前なら、洋から和に宗旨替え(しゅうし)をして、松﨑煎餅の奥にあった喫茶室で煎茶と和菓子にするところだ。しかし、松﨑煎餅の喫茶室は店内改装の際に2階に移されてしまっている。一度だけ新しくなった喫茶室を覗いてみたことがあるが、そこはモダン和風カフェとでも呼べばいいのか、そのような場所になっていた。たぶん自分が行くことはもうないだろう。晴海通りのニュウ千疋屋に、改装した後は一度しか行ったことがないのと理由は同じだ。さて、それにしても困った。何も代案が浮かばないまま、ただ闇雲に歩いていたら「たちばな」の前まで来てしまった。その場で食べるわけにいかない店だが、甘いものを食べたいという欲求は一向におさまっていなかったから、久しぶりにかりんとうを買うことにする。

いつもは小さな丸缶を2つ、それぞれに〈さえだ〉と〈ころ〉[※1]を詰めてもらう。だが、前から蓋に把っ手のついた缶が気になっていたので、中サイズを頼む。応対に出た女性に「かりんとうはどちらになさいますか？」と聞かれて、そういえば、どちらか一方だけを買った経験が一度もないことを思い出した。「両方というわけにはいきませんかね？」と尋ねると、「中の丸缶には袋入りの1・5倍入るので、両方入れるのは無理なんです。袋のほうが安いから、お使い物でなければ、袋入り2つになさったらいかがですか？」と言う。甘いものが欲しくてたちばなに寄ったはずなのに、もはや欲しいのはかりんとうではなく、完全に缶になってしまっている。朱色の胴に金色の橘(たちばな)模様が焼きつけられた、あの丸い缶をどうしても手に入れたい。「では、さえだを丸缶の中でお願いします」。女性はゆっくり立ち上がり、奥からきれいに包装されたかりんとうを持ってきて紙袋に詰めながら、最近はこの缶の塗装をする職人がなかなかいないのだと嘆く。袋を受け取って外に出た途端、ころにすべきだったろうかと思い始めた。

※1　かりんとうは形が2種類あって、それしか売っていない。細くて長いのが〈さえだ〉、ころんと丸いのが〈ころ〉です。味は同じ。

かりんとう（丸缶・中）　**たちばな**　東京都中央区銀座8-7-19

055

ヴィックスの加湿器

駄塩が切れそうなので買いにいかなくてはならない。駄塩というのは、料理用ではなく、加湿器に入れるためだけに用意する塩のことで、自分の家ではそう呼ばれている。[※1] もちろん造語だ。加湿器はヴィックス。[※2] デザインにも機能にも余計なものが一切なくシンプルだし、値段も安くて良い。タンクに入れる水に塩を加えて0・15パーセントの食塩水にしなくてはならないのが面倒といえば面倒だが、別にきっちりと測るわけではなく、いい加減な目分量ですませる。特に問題はない。はじめのうち、台所にある塩を適当に使っていた。奄美のさんごの塩だったり、伊豆大島の海の精だったり、フランスはブルターニュの塩だったり、それなりに高級なものばかりである。塩を何種類か揃えているのは、調味料は少々高くても良いものを使うということが、料理にも身体にも大切だと人並みに思っているからだ。しかし、それを加湿器に入れるというのはちょっと考えものだろう。そう気づいてから、ようやく安価な塩をヴィックス専用に用意するようにした。すでに奄美の塩まるまる1袋分が、蒸気とともに部屋の中に飛散してしまっていた。

もともと加湿器など使ったことはなかった。4ヵ月を雪の下に閉じこめられて暮らさなくてはならない北国の出身なので、雪が降らず、乾燥した晴天が続く東京の冬が大好きだ。加湿器を買ってきたのはカミさんである。どんなに寒く空気が乾燥する真冬でも、部屋の中の温度と湿度はいつも東南アジアと同じレベルに保っておく。それが彼女の理想だそうだが、土台無理な話だ。ただ、加湿器のおかげで風邪をひきにくくなっているのは事実だと思う。喉の調子がとても良い。だから、寝るときも加湿器を使うようにしている。ある朝、水滴が垂れる音で目が覚めた。天気は良いし雨漏りなどするはずがない。窓を見るとブラインドが濡れて染みができている。ガラスや窓枠が結露でひどいことになっていたのだ。窓側の壁にたてかけておいたレコードも、水滴にやられジャケットがぶわぶわになってしまっていた。健康に良いことがすべてに良いとは限らない。

※1　読み方は「だしお」です。
※2　ヴェポラップのヴィックスとカズ社が共同開発した加湿器。コンパクトで使いやすい。

VICKSの加湿器 Model V150N　　Kaz　www.jgap.co.jp

056 夕月の春雨サラダ

年が明けてから一度も「夕月」に顔を出していなかったので、カミさんとふたりで出かけた。夕月でいちばん好きなメニューはタイ風春雨のサラダ、[※1]所謂(いわゆる)ヤム・ウン・セン[※2]だ。いつも必ず注文する。どうやら、自分が予約の電話を入れるとその時点から下ごしらえをしてくれているらしい。一度だけ頼まなかった日があって、そのときにご主人が冗談めかしてそう言いながら笑っていた。とにかく、タイを旅行している最中に夕月の春雨サラダが食べたいと思うくらい好きだ。タイ料理は大好物だから旅行中に困ることはほとんどないが、何日も続くとさすがにちょっと飽きる。タイ料理以外のものが食べたいのではない。でも、自分にしっくりくる味にアレンジされたものがあればもっといいのにという気持ちになってくる。夕月の春雨サラダは、タイ料理であると同時に日本料理でもあるような、まろやかな贅沢さを持っている。だから食べたくなるのだ。

木戸を開けカウンターの隅の席に座るなり、ご主人が「ご無事で何よりです。心配してましたよ」と言う。何日か前にツルさんと飲んでいて、「みんなから心配していたと聞かされても、あまり実感がないんでしょう?」と言われたばかりだ。タイから戻っていろいろな報道を見たり読んだりするにつけ、違う島に行っていたら津波に巻き込まれていたのかもしれないと思う。自分はほんとうに幸運だったのだ。日が経つにつれますますそう思うようになっている。だが、確かにツルさんが想像した通り、帰ってきた日などは強くそれを実感していたわけではない。だから、のんびりとした年賀メールを知人たちに送っていた。そのメールを読んで、こんなに心配したのにと腹を立てた人もいたかもしれないと、ツルさんの言葉で気づかされた。心配をしてくれてありがとうございます。ご主人ばかりか、助手の若い調理人も「心配で、夢に出てきたんですよ」と言う。お騒がせしてすみませんでした。いつものように春雨サラダを頼んだ。あらかじめ下ごしらえをしてくれていたに違いない素早さで目の前に出てくる。とても嬉しかった。

※1　もちろん他のメニューもすべて美味しい。
※2　だよね？　あれ、ソム・タムだったっけ？

タイ風春雨のサラダ　**夕月**　東京都目黒区上目黒2-44-3

057 セントメリーフジヤマのビニール袋

地下鉄に乗り換えようと上野駅の構内を歩いていたら、銀座セントメリーフジヤマの袋を下げた人を見かけたような気がした。セントメリーフジヤマが銀座中央通りからなくなって、もうかなりの時間が経っている。どうしてその店の袋を持って歩いている人がいたのだろう。特徴のあるあの文字を見間違えるはずは絶対にない。その人も、自分と同じように佐野繁次郎の手描き文字のファンで、セントメリーフジヤマの袋を大切に取っておいたのだろうか。だが、袋は紙ではなくビニール製だった。古いものとはとても思えないのだ。セントメリーフジヤマはなくなっていないのかもしれない。銀座と名のつく老舗の靴屋が銀座から消えたのだから、つまりこの世から消えてなくなったのだと思いこんでいたが、調べてみると、上野の丸井に店舗があることがわかった。[※1]

古い『銀座百点』の表紙や、堀口大學、辻静雄、源氏鶏太らの著作の、洒落た描き文字による表紙などはすでに見知っていた。それらが、すべて佐野繁次郎の手によるものであることを最初に教えてくれたのは、原田治さんである。原田さんからそう聞いて、いつも好ましく思っていた代官山レンガ屋のマッチや包装紙、銀座セントメリーフジヤマの看板や袋も、やはり佐野の仕事であることがすぐにわかった。しかし、そのことに気づいたとき、すでにセントメリーフジヤマは閉店してしまっていたし、レンガ屋も数ヵ月後に店をたたんだ。[※2] なくなったと思っていたセントメリーフジヤマがまだあるのなら、なんとしてでも袋を手に入れなくては。勇んで上野丸井に出かけてみると、そこは婦人靴専門店だった。スニーカーでも買えばいいかと思って来たが、婦人靴ではどうしようもない。しかし諦めるわけにはいかないのだ。店の隅のワゴンに白いスリッポンが売られている。それがいちばん安そうだ。履くあてのない靴を買う。若い店員が丸井の紙袋に商品を入れようとするので、ビニール袋にしてほしいと頼んだ。こういう買い物をしているとき、つくづく自分はどうかしていると思う。その店員も思ったはずだ。

※1　他に新宿、中野、池袋、市川などにもある。そういえば、代官山の古本屋で手に入れた佐野繁次郎に関する小冊子に、そんなことが書いてあったかもしれない。（いづれも閉店）

※2　レンガ屋の閉店はあまりにも突然だったので、クッキーなどをまとめ買いすることもできなかった。

中国製の白いスリッポン（女性用のL）

銀座セントメリーフジヤマ マルイシティ上野店　東京都台東区上野6-15-1（閉店）

058 ムアン・クレパンのタイダンス

友人に薦められてノース・チャウエンにあるこのホテルに泊まって以来、すっかりリピーターになってしまった。部屋の内装がデザイナーズホテルのようなもってまわった感じがするのは、本来の自分の好みではない。レストランの若い従業員の顔ぶれが来るたびに替わっているのも気になる。しかし土地柄からだろう、スタッフ全体にスノッブになりきれない性格の良さとのんびりとしたムードがあって、デザインのあざとさを相殺(そうさい)してしまうので、居心地はすこぶる良いのだ。昼、プールサイドで寝ころんでいると、中庭の向こうからタイの民族音楽が微かに聞こえてくる。ホテルお抱えのミュージシャンやダンサーたちが練習をしているのである。彼らは週のうちの何日か、レストランでタイダンスを披露する。最初にこのホテルに宿泊したときは、タイダンスのことがディレクトリーに書いてあったのを読んだが、観光客相手の退屈なものだろうと決めてかかっていた。ところが実際に観てみると、その音楽は実にスリリングで、ダンスはとても繊細なものだった。なんという名前の楽器なのだろう。木琴、鉄琴、日によってはゴング、タブラのような音のする打楽器、トライアングルのような音のする打楽器、そしてムエタイの際に流れるあのチャルメラのような木管楽器。それらが渾然(こんぜん)一体となって高速で複雑なポリリズムを生み出す[※1]一方で、指の先の先のその先にまで神経が行き届いたゆったりと優雅なダンサーの動き。そしてきらびやかな、カミさん垂涎(すいぜん)の衣装。その夜から、タイダンスのある日は、必ず舞台正面の席を早々と予約するようになった。

数ヵ月前に、バンコクから戻ったばかりのSくんと神田の藪で飲む機会があった。せっかくだからチャウエンまで足を延ばすといいのにと薦めておいたのだが、実際に行ってきましたと言う。泊まったホテルがとても良く、特にそこで見たタイダンスや音楽が素晴らしかったそうだ。「その音楽はどんな感じだった?」と尋ねたら、いろいろと説明をしてくれる。聞き終わらないうちから、Sくんもあそこに泊まったのだとわかった。[※2]

※1　彼らのCDが出ていたら絶対に買うのですが。
※2　ホテルまでは推薦しなかったので、これはまったくの偶然です。

タイダンス　Muang Kulaypan Hotel内のブッサバ・レストランにて
BUDSABA RESTAURANT　100 Moo 2 Chaweng Beach Samui, Chaweng Thailand

プチファブ！

007

タイのクラッチバッグ

こんばんは、「カミさん」です。

私の数あるバッグコレクションの中では、クラッチバッグがわりと大きな位置を占めています。アンティークビーズのもの、シルクサテンで小銭入れつきのもの、籐素材のもの、型押しレザーのものなど、他にもいろいろと集まっていていまも増殖中です。

クラッチバッグって収納力に欠けるし、持っていくシチュエーションも難しいと思われがちですが、別に深く考えずに大きなバッグの中に入れておいて、ちょっとお出かけというときに持っていったり、時には財布代わりになったり、案外いいかげんに使ってます。自分が使いやすいように好き勝手に使うのがいいんです。でも、なぜそんなに好きかって？　どことなく、姐（ねえ）さん的な薫りが漂うアイテムという感じがしませんか？

この写真のものは、タイの北部の工芸品で独特な編み模様と繊細な仕事が特徴です。カゴ好きでクラッチ好きな私にとってはたまらないアイテム。思わず即買いしてしまいました。でもかなりプチなバッグなので物はほとんど入らないんですけどね。

タイのサムイ島で買ったクラッチバッグ

059

憧れの喫茶店

仕事をお願いすることになり、以前から会いたいと思っていたSさんとはじめて打ち合わせをした。共通の知り合いが多いのに、これまで一緒に仕事をする機会が一度もなかった。だから、打ち合わせは適当な感じで早々に切り上げてしまい、あとはいろいろ四方山話をする。どんなふうに考え事をまとめるのかという話題になって、誰もいない静かな所ではなく、喫茶店のような、周りに人がいてうるさ過ぎない程度にざわざわした所で1人ぼんやりするのが好きだとSさんが言った。それは自分もまったく同感で嬉しかったのだが、そういうことに最適な場所として彼が挙げた喫茶店が、ずっと行きたいと思っていながら行くチャンスのない所だったから、さらに驚いてしまった。山口瞳がその店を随筆の中で何度か取り上げていたので憧れていたとSさんに言うと、「じゃあ、ぜひ一緒に行きましょうよ」と誘われ、ふたつ返事で「はい」と答えた。

約束の日、電車を降り改札口を出て、肝心の喫茶店の場所をきちんと聞いていなかったことを思い出す。駅から近く、路地を入るということだけ覚えていたので、とりあえず、いちばん大きな通りを歩いて最初に見つけた路地を右に曲がろうと決めて歩きだすと、まったく迷うことなくたどり着くことができた。店内は思ったよりも薄暗く、まだ早朝ゆえか客も少ない。Sさんを待つ間、トーストとコーヒーを注文し新聞を読んで時間を潰す。コーヒーを飲み終わる頃にSさんが現れ、2階に席を移すことになった。2階は片側が大きな窓なのに、陽当たりがあまり良くないのか、枚ヴェールがかかったようなほの暗さがある。山口瞳の『行きつけの店』[※1]という本にこの店の2階で撮影された彼のポートレイトが載っていて、その写真を見て光と活気に溢れた場所のように思っていた。想像とは違っていたからかもしれないが、何か、静かで深い諦観が濃密に充満しているように感じたのだ。だが、Sさんと楽しく話すうちにそんなことも気にならなくなる。たぶん違う日の違う時間帯に来たら、まったく違う印象を受けるのだと思う。

※1　他にも何軒か気になる店が紹介されてます。

ブレンドコーヒー　　**ロージナ茶房**　東京都国立市中1-9-42

060

増田屋の木綿豆腐

野暮用をすませなくてはならなかったので、平日に鎌倉に出かけた。週末以外に来るのは久しぶりだ。最近、自分の中で、鎌倉への愛着がどんどん薄まってきているように思うのは、たぶん平日の昼間から目的もなくぶらぶらすることが少ないからだろうが、小町通りを歩いていると、そんなことが理由なのではないという気分になる。同じ道を戻りたくない。川喜多邸のあたりから脇道に入り、踏み切りを渡って裏通りから駅に向かうことにした。蜂蜜屋の少し手前に小さな豆腐屋がある。ときどき前を通るが、中を覗くと、入り口の横に置かれた小さな机の上に「本日は売り切れました」という札がのっていることがほとんどで、油揚げなどが残っているのを目にしたことはあるものの、豆腐が売られているのを見たことがない。また今日も売り切れだろうと思い目の端でちらりと見やると、薄暗い店内にまだ豆腐が残っているようである。中に入って机の上の小さな鈴を振り、奥から出てきた中年の女性に木綿豆腐を包んでもらった。

豆腐屋の近所には世界一好きな定食屋がある。この店で夏の夕方にビールを飲み冷や奴をつつくことができる幸せがあるかぎり、自分は鎌倉を離れないだろう。冷や奴に使われている豆腐が美味しい。何かの折にどこで売っているのかを教えてもらった。教えてもらったからといって自分で買いにいくわけはないとわかっていたが、なんとなく聞きたくなったのだ。ちょっとした会話がしたかっただけだと思う。そのときに教えてもらったのが、いまさっき木綿豆腐を買ったところである。店に入るのもはじめて。豆腐を買うのもはじめて。屋号が「増田屋」であることもはじめて知った。[※1] ビニール袋に入った木綿豆腐をぶら下げて久しぶりに実家に帰る。まだ5時前だというのに、母がカレーライスを作って待っていた。冷や奴にしてもらおうという考えは台無しになってしまったが、好物のカレーだからそれはそれで嬉しかったし、そんな自分の気まぐれに母もつき合う気はないだろう。結局、その木綿豆腐を食べないまま、夜、東京に戻った。

※1　定食屋の女将さんに尋ねたのは5、6年前。もちろんそのとき、彼女は場所だけでなくきちんと「増田屋」という屋号も教えてくれていたに違いないので、覚えられなかったということです。

木綿豆腐　**増田屋豆腐店**　神奈川県鎌倉市扇ガ谷1-14-4

プチ
ファブ！

008

イマックのバレッタ

お早うございます、「カミさん」です。

みなさんは髪型をよく変えるほうですか？　私はモヒカンと坊主だけは経験していませんが、ベリーショート、ショートボブ、ドレッドヘアなど、わりと頻繁に髪型を変えるのが好きでした。でも、8年前からロングヘアにしたいと思い、少しずつ伸ばしてようやくロングといえる長さに到達しました。ロングにすると、今までよりも髪を洗う時間が長くかかるし、何よりもサラサラヘアにするためにケアも大事になってきます。女は髪が命。よく言ったもんだとホント思います。長けりゃいいってもんじゃないものね。でも、やはり時間がない朝には、ささっとまとめてスタイリングしやすい髪留めが必須アイテムになってきます。

このイマックのバレッタはしっかり作ってあって、ロングヘアもばっちりまとめることができます。なんとなくエキゾチックな模様と、髪を留めたときのことを考えた微妙なカーブがグッときます。アジア人に多い黒髪にとても映えるのも魅力。おフランス製なんですけどね。最近ロングヘアを20センチほど切りましたが、このバレッタを留められる長さはもちろん保っているので、当分はお世話になりますよ！

プチ情報　imacはコスチュームジュエリーで有名な、わりと老舗で真面目なブランド。ラインストーンのアクセサリーが有名ですが、髪留めもなかなか素敵なのがあります。値段も比較的リーズナブル。破損したらお直しも可。

imacのバレッタ　www.imac-j.com

061

マノーラのえびせん

バンコクの空港でサムイに飛ぶ便を待つ間、いつも免税店街のカフェでマノーラのえびせんの缶入りを買う。島のセブンイレブンなどにも袋入りがふつうに売っているので、着いてから買えば荷物にならないし値段も安い。[※1]ただ、理由はわからないが、缶入りはこの店でしか見たことがない。缶入りだから特別に美味しいということはないだろう。袋入りは開けたら一気に食べなくてはならないけれど、缶ならその心配がいらない。その程度の理由である。とにかく缶入りのえびせんを買うのだ。島に到着するのは夜の9時近くになる。その時間から夕食をとる気にはならない。だから、ホテルの部屋に入って荷物を解いたら、まず冷蔵庫からビールを出し、マノーラのえびせんを肴に、到着の無事を祝ってカミさんと乾杯する。サムイまでの飛行機は小さなプロペラ機で、それだけでも緊張するのに、島の周囲は天候も変わりやすく大きく揺れることも多い。やっと着いたという安堵感に、シンハビールの苦味とえびせんの刺激的な辛さが心地良い。カミさんにとってどうかは知らないが、自分にとってこれは一種の儀式なのだ。

ところで、家からいちばん近いスーパーでマノーラが売られているかどうかは知らない。何故、知らないかというと、ずっと見ないようにしてきたからだ。よく行くスーパーだから見ないようにするのは馬鹿げた話だが、自分にとってマノーラはバンコクの空港で買うべきものであり、島のホテルで食べるべきものであって、代官山で簡単に手に入るのは嫌なのである。そもそも、あそこまで行かないと手に入れられないというものが世の中にたくさんあるほうが、人生は楽しく豊かであると思う。わざわざ出かけていくから喜びも大きいのだ。その証拠に、島にいる間は毎日のようにバリバリと食べているのに、帰りに買ったものを家で食べることはほとんどない。そういう考え方は少数派なのだろうか。カミさんに意見を求めようとしたら、えびせんをぽりぽりと食べているところだった。ちょっと心配だ。[※2]

※1　ちなみにこのカフェの売店でミネラルウォーターを買うと、島で12バーツのものが50バーツもする。
※2　ついさっき、「実は買いそうになったことがある」と告白していた。しかもカフェ・セ・ボンより安かったそうだ。

062

市場のコーヒーハウス

10年以上前にナポリのピアッツァ・ポルタ・カプアーナにある朝市に行ったことがある。魚や肉や卵や野菜が所狭しと並べられ人々の威勢の良い声が響き渡る市場の中に、どうやらバールがあるらしく、申し訳程度のエスプレッソが入った透明のグラスをいくつも銀の大盆の上にのせた若い男が、きびきびと人混みを掻き分け動き回っている。ちょうど自分の目の前で野菜を売っていた中年男のところにエスプレッソが届けられた。出前の若い男が肩の高さに担いだ盆を下ろすか下ろさないうちに、八百屋の男はグラスを1つ取りあげ、ぐいと一息でエスプレッソを飲み干すと盆の上に戻し小銭をのせる。若い男は礼代わりのウィンクをして、次の店に向かって歩き出した。ここはナポリだから、砂糖は最初から入れてあったに違いない。とにかく、まったく無駄のない一挙手一投足が活き活きとして美しい。その様子を見るだけで一日が清々しくなるようだった。

Jくんが鎌倉の農協市場の中でコーヒーハウスを始めると聞いて、すぐにナポリの朝市のバールのことを思ったが、彼があのような感じでやるはずはないだろう。どうなるのか、開店が待ち遠しかった。「秀吉」[※1]の横の通路の奥にいつも行列ができるシフォンケーキ屋があり、その隣がJくんの店だ。ちょうどパンが焼き上がって店内は香ばしい匂いがする。Jくんが「アンパンが食べたくなったんで、ちょっと焼いてみたんだけど、食べます?」と言った。断る理由は何もない。自分はJくんの、仲間だろうが大人だろうが接する態度を変えないスタイルを好ましく思っている。区別をつけられないのと区別をしないというのは雲泥の差だが、Jくんの態度は後者だ。もしかしたら、ただ彼を買いかぶっているだけかもしれない。そうだったとしても、そう誤解させるところが彼の性格の愛すべき点なのだと考えたい。とにかく良い店ができた。開店祝いなのか、若い女の子が花を届けにきた。「ちょうどいいから、皿、洗っていかない?」とJくんが声をかける。気がつくと、Jくんは厨房から出て客と一緒にのんびりコーヒーを飲んでいた。

※1　あの『男と女』(1966) のピエール・バルーが顔を出したことがあるとウワサの焼き鶏屋です。

アンパンとコーヒー　(値段は忘れました)

PARADISE ALLEY BREAD&CO.　神奈川県鎌倉市小町1-13-10 (鎌倉市農協連即売所内)

063

田田のおにぎり

朝飯を自分で作る気がしないとき、よく「田田(でん)」におにぎりを買いにいく。[※1]米のたき加減が絶妙だし、海苔もつやがあって香り高く、いろいろ工夫された中身がどれも美味である。あまり固く握らないでふわっとしているところも好みだ。いちばん好きなのは油揚げと削り節が入った田田にぎりだが、ときどきそれにマヨネーズを加えた田田マヨというスペシャルを作ってくれる日があり、買いにいったときにたまたまそれがあると心から幸運を感じる。適当におにぎりをいくつか、あとは出汁(だし)巻きを必ず買って帰る。

自分は早起きだと思う。一日のうちでは朝がいちばん好きだ。ただし、用があって冬の早朝に起きるときは、朝なのに部屋の電気をつけなくてはならないほど暗いので悲しい気分になる。逆に、夏は5時前から目が覚めてしまうので困る。要するに明るいときは寝ていられないし、暗くなると起きていられないということだ。いずれにしても、朝はかなり余裕があるので、待ち合わせがあれば早めに出かけ約束の場所の近くで時間までコーヒーを飲んでいる。そんなふうだから、田田にも開店と同時に行くことがほとんどだ。店の前に着いても、まだ開店5分前だったりすることが多い。そんなことがないよう、できるだけゆっくりと歩いてきたつもりだったのだが、そうなってしまう。階段を半分まで上ると「支度中」の札が目に入る。店の扉の前で待つのはなんだか急(せ)かしているようで申し訳ない。かといって、店の下で待つのも手持ちぶさただ。パン屋の横の路地を入ってそのあたりを1周してくる。再び階段を上る。まだ「支度中」だ。もう1周する。階段を上る。札が「商い中」に替わっている。ああ、良かった。田田のビルの地下にいつも行く喫茶店があって、ここが開いていてくれたらコーヒーを飲んで待つことができる。だが、残念なことにそこの開店時間は田田より30分遅いのだ。その喫茶店に開店時間ちょうどに行くと、ときどき「準備中」の札が下がっている。仕方がないので近所を1周する。自分がこの辺りの路地に詳しいのはそんな理由があるからだ。

※1　どうでもいい余談。小学生時代のあだ名は「おにぎり」でした。誰がつけたかまったく覚えていないけれど、もちろんいまだに軽く恨んでいます。

田田マヨにぎり　　**田田**（現在は移転し、ケータリングのお店に）

064 末富の両判

ミナさんから京都末富[※1]の両判というお菓子をいただいた。両判とは大判2つの意味だそうで[※2]、それを模した楕円形の小さな煎餅が2種類、缶に詰められている。どちらも甘辛い砂糖醤油を片面に塗って焼いたものだが、色が濃いほうの煎餅は黒砂糖を、もうひとつは白砂糖を使っているようだ。いや、もしかしたら白味噌かもしれない。いずれもとても上品な味である。あっという間に食べ切ってしまうだろう。京都に行く機会があったら、次からは必ず買って帰ろうと思う。おみやげにも良さそうだ。

ところで、何かをいただいたときに、どのように謝意を示すのが適切なのかがわからない。例えば、自分の母の友人が旅先で買った饅頭を宅配便で送ってくる。母はそのお礼に鎌倉ハムなどを宅配便で送る。そうするとその友人からお礼のお礼の果物が宅配便で送られてくる。母は当然のように鳩サブレーか何かを用意してまた宅配便で送る。もちろん、それを喜ぶのは宅配便の経営者だけではない。いただきものをした母も然り、そのおこぼれに与る（あずか）自分も然りなのだが、これでは切りがないとも思うのだ。若い頃はこういう母の振る舞いを馬鹿げていると考えていた。いまはそう思わない。その程度は自分も成長したようだ。それにしても、感謝の気持ちの連鎖を一旦どこかで休止することになるだろう。それはいつがいいのか、どちらが決めるのかがわからない。「ふだんお世話になっているから」という理由でこの両判をいただいた。いつのことを言っているのだろうか。お世話になっているのはむしろこちらのはずだ。やはり何かお礼を用意したほうがいいだろう。近所でギャラリーをやっているAさんに以前いただいた芋羊羹が美味しかったから、それをミナさんに贈ると喜んでくれるのではないか。そうだ、芋羊羹をいただいたお礼をと思い、Aさんにサムイでタイシルクのストールをおみやげに買ってきてある。タイから戻って1ヵ月過ぎているがいまだに渡していない。このまま渡さないかもしれない。そんなことでは素敵な人づきあいができないのだ。ああ、大変だ。

※1　1893年創業の、茶菓子で有名な老舗。
※2　お菓子に入っている栞って、ほんとに面白いですね。

両判　（いただきものなので値段は不明）　**末富**　京都府京都市下京区松原通室町東入ル

065

輪島塗の皿

桃居（とうきょ）に行ってはいけなかったのだが、店の前の道を通らなければならない場所に用があって、どうしても素通りはできなかった。何故、行ってはいけなかったかというと、先日、ホンマタカシさんと一緒に行く約束をしたばかりだったからである。ホンマさんと木挽町（こびきちょう）※1の小料理屋で飲んでいるときに、どうしてだったかきっかけは忘れたが、弁当箱の話になった。ちょうど『Arne（アルネ）』で、赤木明登（あきと）という輪島塗の塗師が桃居で弁当箱をテーマにした個展を開くという記事を読んだばかりだったので、そう伝えると「ぼくも読みました」と言う。ホンマさんがその雑誌に目を通していることにも驚いたが、個展の話は記事の文末に添えられたほんの数行に書かれてあったものだったから、どうやら彼の関心は本気で料理や器に向かっているのだろう。桃居は自分にとってまったく知らない店でもなく、ちょっと前から飯碗を買いにいこうと思っていたこともあって、「それでは、一緒に行きましょうか」という話になった。次の日にご丁寧にメールで念押しもされている。その約束を破ってしまったのだ。申し訳ない。

展示された弁当箱を最初に見たときは、なんだか素っ気ない感じで拍子抜けしたが、じっくり眺めているうちに、その形と塗りの美しさがある瞬間から自分の中にゆっくり沁みわたっていくようになる。それは、学芸大学駅前のアンクル・ブブに行ってコーヒーを頼みしばらくして気持ちが落ち着いた頃、ようやく店内にごくごく小さい音でモダンジャズが流れていたことに気づくのと似ているかもしれない。手に取ると驚くほど軽い。すぐに買おうと思ったが、とても高価だったので迷った。もちろん、高価なことに十分納得のいくものではあるけれど、そもそも自分に弁当箱が必要なのだろうか。珍しく分別臭くなってしまい、弁当箱はやめにして皿※2を1枚だけ買うことにした。桃居のご主人がそれを包みながら「スパゲッティなんかを食べるときに使ってもいいですよ」と言う。そんな使い方があるのかと思った。ふだんから漆器を使うことに慣れてみよう。

※1　いまは東銀座と呼ばれているあたり（住所は銀座です）。わざわざ古い呼び方で言って通を気取ってます。でも、北海道出身なんですけど。

※2　お菓子などをのせるのに使おうと思っていたので、これが皿なのかどうかもよくわかっていない。でも、皿として使ってみようと思います。

輪島塗の皿（赤木明登作）　**桃居**　東京都港区西麻布2-25-13　www.toukyo.com

066
ブライアン・ウィルソンのスマイルツアー

仕事場で書き物をしていたら、Rくんがニコニコしながら近寄ってきて「どうでしたか？」と尋ねる。彼が聞きたいのは、先週、中野サンプラザであったブライアン・ウィルソンのスマイルツアーの感想だ。Rくんに悪気はないだろう。でも、自分にとって今いちばんされたくない質問である。「微妙」と一言だけ答えて逃げることにした。「複雑」と言ってもいいけれど、それは正直すぎるような気がしてやめておく。自分はコンサートにしても映画にしても、観終わった直後に感想を聞かれるのが苦手だ。ましてやそれを肴にして、終わってからみんなで酒を飲むということなどあり得ない。昔、知人と封切り映画を一緒に観にいき、帰り道にその知人があまりにしつこく「どうだった？」と聞くので喧嘩になったこともある。おかしな言い方だが、自分がどのように感じたかを自分自身が理解するまでにすごく時間がかかるのだ。ブライアンのコンサートにしても、行ったこと自体は良かったとすぐに思えたけれど、だから内容も良かったということではないし、悪かったということでもない。第1部の中盤で「神のみぞ知る」のイントロが演奏された瞬間に涙が出てきた。第2部で重厚な「スマイル」シンフォニーが演奏されたときは、あちこちにちらばった不完全な断片を寄せ集め、勝手に想像を巡らしてきた自分の中の「スマイル」を超えることはなかったように思った。[※1] やはり、スマイルツアーを観たことすら忘れるくらい時間が経たない限り、「微妙」というような曖昧な表現で逃げるようにしておかないと面倒だ。

第1部が終了してスマイルが始まるまでの休憩時間にツアーTシャツを買おうと、階段から2階席のロビーにまで延びている長い行列の最後尾に並んだ。何故だろう、猛烈にTシャツが欲しかったのだ。行列が前に進むと、しばらく会っていない懐かしい知人たちが煙草を吸っているのが見える。久しぶりに見る顔なので声をかけたかったが、キャップを目深にかぶりずっと下を向いていた。もちろん、「どうだった？」と聞かれたくなかったからだ。

※1　ブライアンの『スマイル』のCDも買ってはいるものの、聴いたことはありません。

SMiLE TOURのTシャツ（半袖）　中野サンプラザホールにて

プチファブ！

009

クラランスのボーム アプレ ソレイユ

こんばんは、「カミさん」です。

リゾートが大好きな私にとって、なくてはならないアイテムがあります。水着？ それはもちろんですとも！ １週間は毎日違うものを着られるぐらいは持っていきますよ、スーパービキニを。

それと同じぐらい大切なアイテム、それはサンケア商品なんです。日焼け肌推奨派の私としては、これは抜かりなく用意が必要なもの。まず「ＳＰＦ 15」のサンケアクリーム（これはアウトドアスポーツを行う人や適度に陽を浴びたい人用らしいです）から肌を慣れさせ、良い感じになったら「ＳＰＦ ６」のクリームに替え（この時点でもかなり小麦色）、そしてさらに慣れちゃったらここではじめてオイルが登場します。「ＳＰＦ ４」のサンケアオイル。これをたっぷり塗ってトースト娘（もはや誰も使わない言葉）の出来上がり。

ここまでもかなり真剣ですが、この後さらに大切な作業が始まります。日焼け後の手入れに、このクラランスのボーム アプレ ソレイユを入浴するたびにたっぷりと塗るのです。この作業をしないと、肌はすぐに乾燥して貧乏焼きで終わってしまいますが、たっぷり塗るとゴージャスマダムの日焼け肌をキープすることができるので、これはもうかなり入念になんです。でも、夏はいいけど冬に日焼けした後のこの作業は寒くてけっこう大変ですけどね。というわけで、私が旅行に行くときはこの太陽燦々マークの化粧品だらけで、トランクが真っ黄色になっています。

余談ですが、サンケアオイルでなんと「ＳＰＦ ０」というのがタヒチには売っているらしいとの噂があります。ちょっと見てみたいですね。フランス万歳！

CLARINS Baume Après Soleil

067

G.O.D.のシャツ

2月になったらカーゴパンツが再入荷すると聞いていたのでG.O.D.に行った。去年の秋に買ったネイビーのカーゴパンツがとても気に入っていて、そればかり穿いている。たまたま、いつも穿いているチノパンツを買っていたところがそれを作るのを休止していて、その間に持っていたチノが同時に全部ボロボロになってしまい、穿くものがなくなっていたのだ。久々のネイビーだったからはじめはしっくりこなかったが、慣れてしまうとそればかり。パンツがネイビーだと、上に着るものの色も違ってくる。秋以降は自分のワードローブの雰囲気がずいぶんと変わったように思う。穿いて洗って乾燥機で乾かしてを日課のように繰り返していたら、だんだんポケットのあたりが擦りきれ始めた。当たり前だ。それで、すぐに2本目を買いにいったのだが売り切れていた。同じ頃にG.O.D.で買ったフランネルのシャツも好きで、これも2枚目を買いにいったが売り切れていた。たくさんある長袖のTシャツの中から、「HONOLULU」と紫の文字でプリントされた白を選ぶとやっぱり売り切れていた。いつもそうなのだ。他の色やサイズはあるのに、自分の欲しいものだけが売り切れている。[※1] 不思議でならない。

カーゴパンツはまだ入荷していなかった。春らしい色のシャツが並んでいる。見ているうちにミントグリーンのものが気になりだす。どうしようか迷ったが、後で欲しくなったときには売り切れているに決まっているから買うことにした。こんな色のシャツを買うのははじめてだ。どうも南の島によく行くようになって、オレンジなど綺麗な色のシャツを着たくなることが多くなったかもしれない。カミさんにそう言うと、「あそこは一年中、ホリデイクルーズ・ラインだからね」と笑った。そういえば、前に店主のTくんとハワイ島のヒロで一緒だったことがあり、先に帰る彼を空港まで送る機会があった。そのときのTくんはスーパーのショッピングバッグのような肩掛けの布袋を1個と紙袋2個しか持っていなかった。足元はビーサンだ。G.O.D.はそんな彼の店なのである。

※1　アイドルグループの中でも、いちばん人気薄のメンバーが好きだったりすることの多い自分が、この店の売れ筋を自然に選んでしまっているとは絶対に思えません。

プルオーヴァーボタンダウンシャツ　G.O.D.　東京都渋谷区代官山町20-6

068

オーガニック・カフェのカフェディッシュ

中目黒の駅に向かって歩いていたら、目黒川の橋のたもとに地図が描かれた看板があることに気づいた。どの町でも見かける、その近辺の商店の名前が入った簡単なものだ。ところで、この地図は誰が誰に描かせているのだろう。そして、どのくらいの頻度で描き替えられているのだろう。商売をやめてしまった「洋食さかい」がのっているし、オーガニック・カフェも「オーガニック・デザイン」という昔の名前のままになっている。ちょっとした記念碑のように思えたので、持っていたポラロイドカメラで写真を撮った。

オーガニック・カフェの横の、短い遊歩道のような小さな公園が、少し前から工事中で通り抜けできなくなってしまった。このあたりの区画整理が始まったのかもしれない。山手通りを挟んだ向かい側の無粋なビル[※1]が完成する以前に、それが終わったら次はこちら側を工事すると聞いていた。そうなれば、オーガニック・カフェも立ち退くことになるのだ。それがいつ頃なのか、立ち退いて別な場所で続けるのか、それともたたんでしまうのか、知らない仲ではないから聞けば教えてくれるだろうが、きちんと尋ねたことはない。前はここから歩いて5分とかからない近所に住んでいたので、土曜日のランチはオーガニック・カフェディッシュと決めていた。入ってすぐの柱のかげにある丸テーブルが定席。その席に座れないと土曜日が台無しになったような気分になる。だから、開店の30分以上前から家で出かける用意をするカミさんを急かす。当然、煙たがられる。無事に指定席に座り料理が運ばれてくるのを待つ時間が楽しかった。店主の相原さんの体躯に合わせたような小気味良く豪快な盛りつけ。一気に食べる。超小盛りを頼んだカミさんの食べ残しも平らげる。帰るときに厨房からミキちゃんがわざわざ出てきて挨拶をしてくれる。それが土曜日の決まり事だったが、引っ越しをして以来、家からの距離はそれほど変わらないのに、何故か足が遠のいてしまった。オーガニック・カフェは本当にこの場所からいつかなくなってしまうのだろうか。そんなことは考えたくもない。

※1　ビルの中に昔から馴染みにしている店がありますが、以前の面影がまったくないのが寂しいです。気のせいでしょうけど、従業員の人たちも寂しそうに見える。

オーガニック・カフェディッシュ　**オーガニック・カフェ**　東京都目黒区上目黒1-24-1(閉店)

069

日本橋の大手饅頭

つい最近、『大貧帳』を読み直したからだと思うが、大手饅頭が食べたくなった。百閒先生ゆかりの備前の銘菓である。岡山出身の知人から何かの折にいただいてはじめてその存在を知った、ほとんど漉し餡の塊と言っていいような薄い皮に包まれた酒饅頭で、それほど大きくないから一度にいくつも食べてしまう。甘酒の香りも良く美味しい。ああ、食べたい。一度だけ岡山に行ったことがあって、百閒弁当という駅弁を買い東京に戻る新幹線の中で食べた。正確な名前は忘れた。中身も大方は忘れている。百閒先生の好物ばかりが入った幕の内弁当だ。おかずの中に英字ビスケットが入っていたのだけはよく覚えている。子供じゃあるまいし。だが、それが内田百閒の好物だと言われると妙に納得してしまうのだ。いいじゃないか。もちろん大手饅頭も買って帰った。

日本橋の髙島屋に大手饅頭が売っていると聞いたことがある。しかし、どんなに食べたくなっても買いにいったことはない。たまたま手に入ったら美味いものは、次にたまたま手に入る日が来るまで待つのが自分の流儀だ。とはいえ、用事があって京橋まで来ている。日本橋までは目と鼻の先ではないか。この日は何故かそう思ってしまった。髙島屋の地下の食品売り場に行き、案内の女性に大手饅頭を売っているか尋ねる。教えられたとおりに混み合う店内を歩くと、銘菓選というような名前のコーナーがあり、大手饅頭が並べられていた。いや、大手饅頭ばかりでない。そこには全国の珍しい菓子がとり揃えられているのだ。自分の流儀からすれば絶対に足を踏み入れてはならない場所だ。たまたま手に入る日が来るのを夢見続けてきた、心惹かれる和菓子の数々に目が泳ぐ。邪念を振り払い、大手饅頭の小さい箱だけ包んでもらう。何か、とても後ろめたい。岡山の菓子を日本橋で買うなんて自分のすべきことではない。しゅんとした気分のまま出口に向かうと、羊羹のとらやのとなりに末富があった。ミナさんからいただいて、あっという間に食べてしまったあの両判も売られているようだ。末富は見なかったことにする。

大手まんぢゅう（10個箱入り）　大手饅頭伊部屋　岡山県岡山市北区京橋町8-2　www.ohtemanjyu.co.jp

070 ダネーゼのペーパーウェイト

一度だけミラノのダネーゼに行ったことがある。1991年の冬が始まろうとしていた頃だった。そこで、エンツォ・マーリがデザインしたペーパーウェイトを買った。合成樹脂のキューブの中に鉛色をした金属の球が入っている、これ以上ないシンプルさとこれ以上ない美しさを兼ね備えたものだ。ダネーゼに詳しい人ならば、自分のことをなんと幸運な男だと思ってくれるだろう。自分でもそう思う。だが、'91年のこの時点では、自分自身の幸運にまったく気づいていなかった。ダネーゼへは、ミラノに住むサタンさん[※1]という知人が案内してくれた。もしかしたら、そこはダネーゼのショップではなくオフィスだったのかもしれない。とにかく、建物の中に入るとサタンさんはまっすぐ奥の小部屋に行き、デスクの向こうで気怠そうに書類に目を通していた女性に机越しの軽いキスをして、「この男が東京に持って帰れるようなものを探しにきた。エンツォ・マーリのペーパーウェイトは残っていないか?」と尋ねた。彼女は抽斗から薄紙に包まれたキューブを取り出し「これで全部」と言う。ほとんどはキューブの中が白いプラスチック球のヴァージョンだったが、2つだけ金属球のものがあったのでそれを買うことにした。サタンさんはプラスチックのものを1つ買った。支払いが済むなり、サタンさんは再びその女性に短くキスをしてさっと出口に向かう。慌てて後をついていった。

'91年といえば、ダネーゼが惜しまれながら店をたたんだ年である。つまり、自分がサタンさんに連れられていったのは、閉店に向けて整理をしていたかあるいは閉店後の整理をしていた時期だったということだ。おそらく、馴染みの広報担当にあらかじめ電話をかけ、自分が買い物ができるようにしておいてくれたのだろう。しかし悲しいことに当時の自分は、ダネーゼは上の世代が夢中になっていた'80年代的イタリアンデザインブームの産物[※2]と思いこんでいたので、サタンさんの趣味につき合わされて買ったものとしか考えていなかった。'91年初冬の自分に大馬鹿者と怒鳴ってやりたい。[※3]

※1　サタンさんとしか呼びようのない怖い人。もちろん良い意味で。

※2　念のため。ダネーゼは1957年の創業。代表的なプロダクトは'60〜'70年代にかけてデザインされたものが多いです。思いこみはいけませんね。

※3　それから何年かして、ロンドンのインテリアショップでデッドストックの灰皿(煙草は吸わない)を見つけたり、神田の古本屋でムナーリの知育玩具を手に入れては狂喜乱舞する男になるとは想像もできなかった。しかも、数年前に復活したダネーゼのことはほとんど何も知らない。いまだに大馬鹿者なのでは?

DANESEのペーパーウェイト　(値段は忘れました)　www.danesemilano.com

071

タスヤードのサボテン

　ペーパーウェイトの写真を撮ろうと思ったら、とうとうポラロイド690カメラが完全に毀（こわ）れてしまった。ファインダーを覗いても真っ暗で何も見えない。試しにノーファインダーで撮ってみると案外うまくいった。いつもよりいいかもしれない。とはいえ、このままずっと勘を頼りに撮り続けるのも無理な話だと思う。前に千駄ケ谷のプレイマウンテンで入手した新品が残ってはいるが、※1不安なのでまた買いにいったほうが良さそうだ。タスヤードでもジェネラルリサーチ製の専用ケースに入ったものを見かけている。どちらかにはあるだろう。ところがプレイマウンテンの前まで来て、ウィンドウから見るかぎりは、カメラが売られている様子がない。慌てて中に入って確かめたが、すでに売り切れてしまっていた。「タスヤードの分は残っていますか？」と尋ねてみた。「あれはケースだけなんです」と申し訳なさそうに店の女性が答える。考えが甘かった。万事休す。まあ、せっかく千駄ケ谷まで来たのだからタスヤードで何か食べて帰ろう。

　タスヤードに来ると必ず買い物をしてしまう。そういう気持ちになるものが並べられているところが、この店の好きな理由だ。※2いつだったか、ちょうどサボテンが入荷したばかりで、まだ値段をつけていない小さな鉢がたくさん入った木箱が外のテーブルにのせられていたことがあった。その中にジェームス・ジャーヴィスが描くキャラクターの、あの瓢箪（ひょうたん）のような頭の形に似たサボテンがあり、値段を聞くと考えていたよりもずっと安い。それを譲ってもらったのがきっかけで、それからは来るたびに小さめのサボテンを買う。サボテンを育てるのはとても良い趣味だと思う。しかし、実際にまめに世話をしてやっているかといえば、自分がそんなことをできるはずなどなく、サボテンだから勝手にしっかりやってくれているだけで、違う植物だったらとっくのとうに枯れてしまっただろう。今日も何か1鉢と思っていたが、気に入ったものがなかったのでエアプラントにした。何気なく手のかからないものを選ぶのが自分のずるいところである。

※1　2台残っていると思いこんでいたのに1台しかない。かなり心配な状況になってきました。
※2　もちろんコーヒーも美味しい。マイルドブレンドが好きです。

エアプラント　**Tas Yard**　東京都渋谷区千駄ケ谷3-3-14

072

デメルのチョコレート

朝のワイドショー番組で、新宿のデパートが世界中から50種だったか70種だったかのチョコレートを集めフェアを開催しているという話題を取り上げていた。有名なショコラティエも来日し、実演したりファンにサインを書いたりしていたそうだ。ショコラティエのファン。ショコラティエのサイン。いや、それ以上に、そもそもショコラティエともったいぶって呼ぶこと。[※1]気にくわないことばかりである。先日、友人と晩ご飯を食べる約束をしたときも、パリの、いやベルギーだったかもしれないが、とにかく、有名なチョコレートショップの新しい店ができて、そのレセプションに顔を出した後になると言っていた。一緒にどうかと誘われたが、これも癪に障る。要は、人一倍流行りものが好きなくせに、ケチをつけたいだけなのだ。我ながら困った性格である。

原宿のクエストホールに用事があったので、デメルを覗いてみることにした。たまたま手にした雑誌でチョコレート特集をやっていて、そこではデメルが取り上げられていなかった。自分としては、デメルが載っていないことが不思議で、もしかしたらなくなってしまったのだろうかと思った。だから寄ってみたのだ。もちろんデメルは変わらずそこにあった。デメルがこの場所にできたばかりの頃、友だちがそこで買ったチョコレートをおみやげに持ってきてくれた。厚紙でできた薄いピンクの丸い箱に入った板チョコで、蓋にはマーガレットの絵と古めかしい飾り文字が描いてある。いかにもファンシーになりそうな絵柄だったり形だったりするのに、むしろ控えめで落ち着いて見えるそのパッケージの素晴らしさに驚き、いっぺんにデメルのファンになった。中身のチョコレートごとずっととっておいて、結局、最後まで食べなかったかもしれない。デメルのパッケージの良さは、和菓子の老舗のそれに通ずるものがある。浮ついたところがないのだ。大好きなオレンジとレモンのピールチョコレートにしても、包み紙からして派手な色遣いであるにもかかわらず、全体の印象は渋い。この風格と奥深さがある限り、自分は引き続きデメル派で行こうと思う。

※1　ショコラティエであっているんですが、その使われ方がいやらしい感じがする。

ソリッドチョコレート（花ラベル）**とピールチョコレート**（小箱）　demel.co.jp

073

東京會館のサンドウイッチ

東京會館で会合がある日に、開始の1時間前に着くように家を出た。1階にあるカフェテラスでぼんやりしたかったからである。そのカフェの、間違いなく特注だろうと思われる椅子が好きなのだ。この椅子と、晴海通りのニュウ千疋屋が改装する前に使っていた椅子、そしてなくなってしまった代官山レンガ屋の籐椅子の3つは、自分が考える「ミッドセンチュリーモダン」の傑作だ。座り心地が良いという話でもないし家に置きたくなるコレクタブルなものという話でもなく、未来に対する信頼がその形にこもっているという意味でだが。東京會館に約束よりも早く行く理由は、さらにもうひとつある。1階ロビー奥の壁画が見たいからだ。それは、「都市・窓」と題された猪熊弦一郎のモザイク画で、陽が燦々(さんさん)と降り注ぐような場所にあったらもっと良いのにと思わないこともないが、とにかく素晴らしい。この小さなタイルを貼り合わせて作られた壁画が、パリ、ニューヨーク、ハワイと移り住んだ猪熊の、どの時代の作品なのかを知らない。ただ、眺めているだけで明るい気持ちになるという点で、これもまた、自分に「ミッドセンチュリーモダン」を感じさせるものだ。ところで、猪熊弦一郎と聞いて一番に思い出すのは三越の包装紙のデザイン[※1]である。最近、銀座の三越で買うものといえば、たねやの和菓子くらいしかないので、あの包装紙がまだ使われているのかどうか確かめようがない。

混雑した時間帯以外は、煙草を吸わないと申し出るとだいたいは窓際の席に案内される。午前中の早い時間だったので目論(もくろ)み通りに上席を確保できた。日比谷通りを流れる車をぼうっと眺める。注文したコーヒーとミックスサンドウイッチが運ばれてきた。ふつうのミックスサンドウイッチだと中にはさんだ野菜のせいで少し水っぽくなることがあるから、パンをトーストしてあるクラブハウスを頼んだのだが、時間が早過ぎて用意できないと言われたのだ。自分にとって、未来や都会を感じることのできる数少ない場所なので、クラブハウスサンドウイッチについては次回まで我慢することにしよう。

※1　あの包装紙の「mitsukoshi」という筆記体の文字部分だけは、三越宣伝部にいたやなせたかしの手によるものというのは、有名な余談。

ミックスサンドウイッチ　**東京會館**　東京都千代田区丸の内3-2-1

プチファブ！

010

KICKAPOOのフリンジショートブーツ

お早うございます、「カミさん」です。

フリンジというと皆さんは何を想像しますか？　エルヴィス？　それともスライとファミリー・ストーン？　もしかして西田敏行？　無難なところではウエスタン？

私の父は西部劇とその音楽が大好きで、ステレオで西部劇の主題歌だけを集めたアルバムを大音量で聴いていたし（かなり迷惑だった）、母はジュリアーノ・ジェンマの大ファンだったので、どうしてもフリンジ＝ウエスタン＝野暮臭いというイメージが強くて、あまりお洒落な印象はありませんでした。でも、ちょっとだけブームになったことがあって、そのときにスウェードのフリンジジャケットにチャレンジしてコーディネートに加えてみたところ、とても新鮮に感じられ、今では大好きなアイテムの一つになりました。まったくファッションって奴は。

このフリンジのショートブーツ、のばしたままデニムにインして履いてもいいし、折り返して短く履くこともできる優れものです。今年は、ふわっとして優しい感じのワンピースやスカートにでも合わせて履こうかな。ちなみに、このサンドの他にチョコレート色もすでに購入。気に入ったら2色買いが当たり前なので、家の玄関が靴だらけになってしまい、いつも「客人がたくさんいるみたい」と言われます。


KICKAPOOのスウェードフリンジショートブーツ

074

メキシコの骸骨人形

1年ほど前にサンフランシスコに行く機会があった。サンフランシスコに行くことになったとタクに話したら、それならばソノマまで足を延ばして写真家のアリ・マーカポラスの家を訪ねるといいですよと言われた。タクもアリの家に遊びに行ったばかりで、そのときに撮った写真を見せてもらっていたから、ぜひそうしたいと答える。彼はすぐにアリに連絡をとり、「いつでも歓迎するよ」という返事をもらってくれた。友だちの運転する車でサンフランシスコから1時間ほどでソノマに到着、アリの家もすぐに見つかる。タクがアリを訪ねたときは、敷地内の別の建物を改装していたところで、それが完成してそちらに引っ越したばかりなのだと、出迎えてくれたアリが言った。写真で見た前の家も良かったが、案内された新しい所も落ち着いた趣味の素晴らしい家だ。奥さんも2人の息子も、はじめての訪問者にとても親切にしてくれる。暖炉の上に骸骨の人形がいくつも飾られていた。「メキシコのお祭りのカラベラだね」と言うと、アリは「集めているんだ。サンフランシスコにカラベラを売っている良い店がある。後で教えてあげるよ」と嬉しそうに微笑んだ。お茶をご馳走になった後、庭を歩いてみようということになり外に出る。庭というにはあまりにも広大な敷地だったので、歩いているうちにあっという間に帰る時間になってしまう。手短に礼を言い車に乗ったところで、サンフランシスコの店の場所をまだ聞いていないことを思い出したが、諦めてそのまま出発した。

自分の家にある骸骨人形は、6年前、メキシコのオアハカに、「死者の日」[※1]の取材に行ったKくんが大量に買ってきたおみやげの中から、好きなのを選ばせてもらったものである。日本のお盆のようにご先祖様を偲（しの）ぶのではなく、ご先祖様と一緒になって騒ぐためにしつらえた祭壇に飾られる骸骨の飾り。さっき気がついたが、野球帽をかぶり短パンを穿いている。今では自分のトレードマークになっているキャップを、その頃はかぶることなどまったくなかったのに不思議だ。今年の秋こそメキシコに行きたいと思う。

※1　11月1日と2日です。「死者の日」に各家庭で作られる祭壇の写真を集めた写真集も出ています。タイトルは忘れました。そういえば、その本を友人から借りたままにしています。イームズが『DAY OF THE DEAD』(1957)というショートフィルムを撮っていますね。

オアハカのカラベラ　（おみやげなので値段不明）

075

魚竹の銀嶺立山

カズミちゃんを「魚竹」に誘ったが、仕事から手を離せないようなので一人で行くことにした。別に一人でも構わない。カウンターだけの店内に入ると、まだ夕方の5時過ぎだから他に客は誰もいない。いちばん手前の席に陣取ってまずは銀嶺立山を頼む。カズミちゃんと来るときはビールを注文するのに、一人だと冷や酒が飲みたくなる。理由はわからない。鮪の刺し身と大根の煮物でちびちびと飲みながら、コンビニで買ってきた夕刊を広げる。ゆっくりと時間の過ぎる音が聞こえるくらい静かだ。仕事が残っているので酒は1杯で我慢して、ご飯と味噌汁と鱈子(たらこ)で夕食にすることにした。食べ終わる頃には満席で騒がしくなっている。店を出て隣のコーヒーショップでコーヒーを買い、何食わぬ顔で仕事場に戻った。赤い顔をして何食わぬもあったものじゃないけれど。

早い時間に仕事場を抜け出し一人で晩飯を食べるのが好きだ。5時過ぎにはもう開いていて、他にも一人で来ている客がいて、スポーツ新聞などを読みながら飲んだり食べたりしても店の雰囲気をこわさない。[※1] そしてそこそこ美味しい酒と美味しい肴があり、最後にきちんと食事までできる。そういう場所として、魚竹は自分にとってとても大切な店である。ところで、いつもは仕事場からまっすぐ魚竹に来ていたので見逃していたが、銀行に寄って反対側から歩いてきたら入り口の左横に小さなショーウィンドウがあることに気がついた。メニューの食品サンプルを並べるようなタイプの店ではない。いったい何が飾ってあるのだろうと興味がわく。ショーケースは3段になっていて、いちばん上の段には金色の招き猫と芋焼酎と麦焼酎の小瓶など、真ん中の段には七福神の飾り物と獅子舞の獅子の頭が2つと今年の干支(えと)の酉の置物など、いちばん下の段には立山や浦霞などのラベルが何種か飾られていた。面白い。真ん中の段に並べられているのが正月に因んだものばかりなので、もしかしたらときどき模様替えをしているかもしれない。どうだろう。小さな、他人にとっては無意味な、謎と楽しみが増えた。

※1　仕事場の近くにもう1軒、すごく好きな店があって、そこもカウンターだけですが、そのカウンターで新聞を読むのはちょっと失礼な感じがします。だから、そこには一人では行きません。

銀嶺立山、めじ鮪刺し身、大根煮、鱈子、ご飯と味噌汁　**魚竹**　東京都中央区築地1-9-1

076

ドイスのミサンガ

マスターの堀内くんがブラジルから戻ったと知りディモンシュに行った。久しぶりにカウンターに座り、コーヒーを飲みながら待った。15分ほどして堀内くんが現れる。すっかりリフレッシュした表情はしているものの、ひどい時差ボケに悩まされているとかでとても眠そうだ。ちょうど昼時だったから客も多く、注文が殺到して堀内くんの手もなかなかあかない。最近のサンパウロの様子をちょっと聞けたくらいでそれ以上の話にはならず、自分も東京で約束があったので、またあらためて次の週末の夜に来ることにして店を出た。すぐに駅に向かうが、ブラジルの話をもう少ししたかったという心残りがなかなか消えない。ドイスに寄ることにした。約束の時間には遅れてしまうだろう。ブラジルで堀内くんが見つけてきたものが並べられるのはもう少し先になると、たったいま、本人の口から聞いてきたばかりなのだが、何かブラジルを感じられるものが買いたいと思ったのだ。2人も入ればいっぱいになる狭い店内には、先客が4人いた。棚に置かれた『contigo!』[※1]というブラジルのミュージシャンの写真集の中から、カエターノ・ヴェローゾのものを抜き出しぱらぱらと眺める。自分の大好きな、ものすごく暗い眼をしていたロンドン亡命時代のカエターノの、見たことがない写真が数葉収められていたので欲しくなった。その写真集と、かろうじてブラジリアにある国会議事堂だとわかる大雑把な作りの石の置物を買うことにして、会計の順番を待つ。壁に飾られたミサンガのロールが目に留まり、自分のミサンガ[※2]がもうすぐ切れそうなことを思い出した。コーヒー色のものと淡い水色のものも一緒に買おうと決めた。

堀内くんだけでなく、ブラジルに行ったことのある自分の友人たちは皆、「次はブラジルに行かないと駄目ですよ」と言う。もちろん自分もそう思う。しかし20時間も飛行機に乗るのは御免被りたい。「一旦、ニューヨークで身体を休めてから向かえばいいじゃないですか」と堀内くんは言った。ニューヨークまでの12時間だって辛いのに。

※1　他に『アントニオ・カルロス・ジョビン』と『エリス・レジーナ』、それに『ボサノヴァ』がありました。どれも素晴らしい。

※2　いま着けているピンクのミサンガはマイク・ミルズの作品で、「SUCCESS IS STUPID」と書いてあります。素晴らしい警句。もちろん、現実の自分が、ステューピッドだからサクセスできないことは十分に自覚しています。

ミサンガ　**dois**　神奈川県鎌倉市扇ガ谷1-9-14(閉店)

077

赤絵の飯茶碗

　病院の帰りに青学の向かいにある中村書店[※1]に寄った。前に行ったときに『やきもの事典』という古本が売られていたのを覚えていて、それを手に入れたいと思ったのだが、既に誰かが買っていった後だった。気になったらすぐ自分のものにしないとこういう結果になる。とはいえ、最初にその本を目にしたとき、ちょっと気になるかなという程度だったから、いまひとつ思い切れなかった。それが急に欲しくなったのは、先日、赤絵の飯茶碗を買ったせいだ。自分は、その茶碗が赤絵だということくらいはわかるが[※2]、では赤絵というのがどういう焼き物のことを言うのかは何も知らない。そういう自分が恥ずかしくなってきたのである。鎌倉に引っ越したばかりの頃、最初に住んだのは築60年の部屋が7つもある日本家屋で、しかも庭に石灯籠があるようなところだった。ちょっと自慢したいという気持ちもあってやたらと家に人を招いた。そうすると食器もたくさん必要になる。近所の古道具屋で、印判の皿や鉢を見つけては買い足していたら、すごい数になった。いまはほとんど残っていない。その頃も、それが印判だということはわかるが、印判とはどういう焼き物のことを言うのかはやはり知らなかった。一事が万事そんな調子ですませていたことを、これからは改めようと考えたのである。

　たぶん、また少し時間の余裕ができて料理をするようになったからだろう。食器がすごく気になる。きちんとした器で食事をしたい。それで、まず飯茶碗を買おうと思った。焼き物についてもいろいろ教えてもらいたくて桃居(とうきょ)に行ってみると、ご主人が「誰の作だから、何処の物だからと考えないほうが良い」というようなことを言うので、質問する機会を逸してしまった。「では、これをください」と赤絵の飯茶碗をこわごわ指さす。まるで試験をされているみたいに緊張した。よくわからないが、赤絵はあまり無難な選択ではなかったような気もする。家にある食器と相性が良くないかもしれない。ただ、掌で包むといままで感じたことのない気持ち良さがあり、これしかないと思えたのだ。

※1　詩集を多く取り扱うことで有名ですが、最近は棚に並ぶ詩集の数も少なくなったように思います。
※2　ほんとうにこの飯茶碗が「赤絵」なのかどうか、だんだん不安になってきました。

赤絵の飯茶碗　**桃居**　東京都港区西麻布2-25-13　www.toukyo.com

078

ブルーミングデイルズの紙袋

　ニューヨークの街を歩くとき、自分の頭の中ではデイヴ・ブルーベック・カルテットの「トルコ風ブルー・ロンド」か、サイモンとガーファンクルの「59番街橋の歌」のどちらかが流れている。ついでに言うと、ロサンゼルスならジョン・デヴィッド・サウザーの「カイト・ウーマン」が、パリはほとんど行かなくなったけれど、ラフェール・ルイ・トリオの「ボワ・トン・キャフェ」のメロディがループしそうだが、ニューヨークほどにはテーマ曲がはっきりしているわけではない。どうしてだろう。はじめてニューヨークに行ったのはわりと最近のことである。44丁目あたりのホテルに泊まった。ＭｏＭＡに行くために地下鉄で59丁目駅まで上り、ここが59丁目なんだとちょっと感激した。そして、自分がもっともニューヨーク的と思うミュージシャンはサイモンとガーファンクルであることに気がつく。用事をすませて駅に戻る道を歩いていたら、同じ紙袋をぶら下げた人がやけに目についた。その茶色の紙袋がなかなか面白くて、大きい袋には「big brown bag」とシンプルな書体で印刷されているだけ。中くらいのサイズの「medium brown bag」を持った人もいれば、小さい「little brown bag」を持った人もいる。紙袋単体でもかなり人を食っていてニヤリとさせるが、いろいろなサイズの袋を持った人々が59丁目界隈を歩いている様はもっと可笑しい。コンセプチュアルアートのような感じがして、最初はどこかの美術館がストリートパフォーマンスをやっているのだろうかと考えた。行き交う人の袋の横部分がたまたま見えたので、それが近くにあるブルーミングデイルズのショッピングバッグであることをやっと理解する。さすがニューヨークだ。何が「さすが」なのか説明できないけれど、とにかく愉快だった。それ以来、世界中でいちばん好きなデパートの紙袋といえばブルーミーズのものである。[※1]

　ところで、ここに写っているのは、先日ニューヨークに行ってきたカミさんがくれたお土産だ。ニューヨーク土産がデパートの紙袋だけだなんて、どうかと思う。

※1　当然、その紙袋を手に入れようとすぐに買い物をしにいったけど、何を買ったのかまったく覚えていません。

紙袋　（買い物をすれば）無料　　**BLOOMINGDALE'S**　www.bloomingdales.com

079

ロゴスキーのつぼ焼き

ロサンゼルスのシルヴァーレイクというなだらかな丘陵地帯の入り口に、ネッティーズという名の小さなケイジャン料理レストランがある。レストランといっても、日曜大工で建て増したようなホールには素っ気ないテーブルと素っ気ない椅子が無造作に並べられているだけ。その横にある小さな母屋でまず注文をすませないと、料理は永遠に出てこない。しかもメニューはなく、その日できるものが黒板にチョークで殴り書きされているのみなので読みにくいことこのうえない。その店の看板が振るっていて「SERVING AT SILVERLAKE BEFORE IT WAS HIP」とある。もともとはシルヴァーレイクという人造湖の周りにできた住宅地で、リチャード・ノイトラの設計した家なども点在する地区ではあるが、ここ数年、若いアーティストたちが住み始めさらに注目を集めるようになった場所なのだ。だから、ネッティーズは、シルヴァーレイクがヒップなエリアと騒がれるずっと前からここで商売をやっているのだと言いたいのだろう。

それに倣えば、渋谷ロゴスキーは、乙女たちにロシアが可愛い国と呼ばれるずっと以前から[※1]ロシア料理を提供してきた。大好きだった桜丘町にある本館が去年7月で閉店してしまっていたことは知らなかったが[※2]、東急プラザの9階にある店はまだ健在だ。ここに限ったことではないけれど、遅い午後、昼食と夕食の中間くらいの時間に行くと、従業員にも余裕があり店全体に良い意味で緩んだ隙のようなものが感じられる[※3]。窓際に席を取り、首都高速を流れる車を目で追ったり夕方の雲を眺めたりしながら、ピロシキを肴にウォッカを飲むのは得難い幸せだ。そういえば、ロゴスキーの女性従業員の制服はなかなか可愛らしい。それも、若い娘ではなく、年齢のいった女性がそれを着ているほうが似合っている。それこそが乙女たちの言うロシアの可愛さなのかもしれないが、「可愛い」の定義は難しいので余計なことは言わないでおこう。仕上げにボルシチと黒パンにするか、きのこと鶏肉のつぼ焼きかで迷うのもまた、好きなことのひとつだ。

※1　創業は1951年です。
※2　あまりにもショック。
※3　この時間帯に中休みを取る店が増えたのは、自分にとっては世の中から余裕が消えていくことの証左であるので、とても悲しいです。

きのこと鶏肉のつぼ焼き　**渋谷ロゴスキー**（銀座に移転）　www.rogovski.co.jp

080 アマルフィの灰皿

パリの蚤の市で買うものといえば、まずは何をおいてもアンリ・サルヴァドールの7インチ盤、そして次に灰皿だった。煙草を吸わないのに灰皿を買うのは、値段が手頃なのと持ち帰るのにちょうど良い大きさだったからである。持ち帰るのにちょうど良いから、ときどきカフェやレストランやホテルで欲しいものに出会ったときが大変だ。告白すると一度だけ失敬したことがある。それはミラノのディアナ・マジェスティックというホテルの部屋にあったもので、煙草の吸いさしを置くための台が四角い灰皿の中央についているというモダンなデザインが気に入ってしまい、悪事をはたらく結果となった。

アマルフィ[※1]にある古い修道院を改築したホテルに泊まったときも、部屋に置いてあった灰皿を手に入れた。失敬したのではない。客室係に頼んで売ってもらった。だが、彼がその代金をきちんとフロントまで持っていったかどうかは知らない。意味あり気なウィンクを残して出ていったので、たぶん上着のポケットに入れたままにしたのだろう。アマルフィに到着するまでが大変だった。断崖絶壁の海岸線をひたすら車で走ってきた。曲がりくねった狭い道。ガードレールはないに等しく、かろうじて道路はここまでという目印として石が何段か積んであるだけ。そこをナポリ出身の運転手が全速力で走るのだ。先が見通せないカーブでもスピードをまったく落とさない。そんなに飛ばして大丈夫なのだろうか。不安のあまりそう言うと、彼はいきなり後部座席にいた自分のほうを振り向きイタリア語で何事か説明し始める。頼むから前を向いてくれ。彼がそんな危険を冒してまで言いたかったのは、「自分には神様がついているから絶対に大丈夫」ということだったらしい。彼は再び前を向くと、フロントガラスの上部に貼られたマリア像のステッカーを指さし胸の前で十字を切った。そんな思いをした後だったから、この何の変哲もない灰皿の素朴な温かさがすごく気に入ったのだと思う。いまは禁煙室に泊まるのでホテルの灰皿に心動かされる[※2]ことはなくなったが、少し寂しい気持ちもある。

※1　ティレニア海に面した風光明媚な町でした。味わいのある紙と干し葡萄のお菓子（ウーヴァ・セッカ）が有名。また行きたい。

※2　ソレントだったと思いますが、パルコ・デイ・プリンチピというホテルの灰皿はすごかった。捕まってもいいと思ったくらい。もちろん自制しましたけどね。

灰皿　（値段は忘れました。リラが使えた頃です）
HOTEL CAPPUCCINI CONVENTO

TNA BY LISA LOZANOのビキニ

お早うございます、「カミさん」です。

寒い冬にうんざり。そろそろ春が待ち遠しくなってきました。気分だけは既に春なので、着る服もダークな色ではなく、白、オフ白、クリーム、グリーン、ターコイズ、ピンクなど、きれいなものを取り入れて春らしいコーディネートを楽しんでいる毎日です。みなさんはいかがですか？　私は基本的にどの色に対しても抵抗がありません。思いっきり日焼けしているときにカラフルな色合わせをしていると、人種がわからなくなってしまうのか、いろいろな言葉で外国人から話しかけられます。

先週、ニューヨークに行ってきました。とにかくマイナス15度ぐらいになって寒いから完全防備で来るようにと言われたのですが、それほどでもなかったかな（でも風は冷たかったけど）。帰る前の日の午後、やっと時間が空いて何か買い物をしたいなぁと思いながら街をぶらつきました。時間がないときには一度にいろいろ見られるデパートが楽しいので、サックス・フィフス・アヴェニュー、ブルーミングデイルズ、ヘンリー・ベンデル、バーグドルフ・グッドマン、バーニーズ・ニューヨークとアップタウンを上に上に歩き、いろいろ見てまわりました。でも、なんだかイマイチ物欲が刺激されなかった。最後に行ったバーニーズで、カラフルな売り場に吸い込まれるように近づいていくと、そこは水着売り場。水着大好きの私はLISA LOZANOのビキニを買いました。ロサンゼルスのブランドで、ひとつひとつの水着にそれぞれ名前がついてるのです。ちなみに私が買ったのは〈リヴィエラ〉。他にも可愛いものがたくさんありました。もちろんスーパービキニですよ。それ以外は着ませんから。

TNA BY LISA LOZANOのビキニ RIVIERA

081

ウエストのマロンシャンテリー

マロンシャンテリーが食べたくなって目黒の「ウエスト」に行った。アイスクリームと生クリームと栗の甘露煮を華奢なグラスに盛ったあのデザート。ところが、水とともに差し出されたメニューを見てみると、マロンシャンテリーがどこにも載っていない。そういえばあれは栗の季節だけの限定だったかもしれないと思ったが、一応、注文を聞きにきたウエイトレスに「マロンシャンテリーはこの季節はないのですか?」と尋ねてみた。いかにもウエストの従業員らしい、理知的な顔立ちをしたその若い女性は、思いの外きっぱりと「こちらではそのようなメニューを扱ったことはございません」と答える。そんなはずはない。何度かここで食べているのだから。そう伝えると、さらにきっぱりと「それは当店ではないと思います。他のお店と間違っていらっしゃるのではないでしょうか。千疋屋さんとか、どこかフルーツパーラーなどと」と言うのだ。いずれにしても、いまここにはないということだから、マロンシャンテリーは諦めてモンブランとコーヒーにする。コーヒーを待っているうちに、確かに彼女に言われたとおり、マロンシャンテリーをよく食べたのはウエストではなく、閉店してしまった8丁目の銀座千疋屋本店だったことを思い出した。意地にならなくて良かった。あなたが小学生だった頃から自分はこの店に通っているなどと言わなくて本当に良かった。そしてあらためてウエストに感心する。ふつう、若い店員が商品についてここまで自信を持って客に説明できることは、いまやそうあることではないだろう。[※1]「そんなことはないはずだ」と自分が言った時点で、「少々、お待ちください」と上司なり責任者なりに確認にいくのではないか。なのに、彼女は揺らぐことなく、かつ嫌な感じを相手に与えまいと気遣いながら、「ない」と言い切った。徹底的に扱う商品のことを覚えさせているということだ。素晴らしい従業員教育。ふと、まったく逆の受け止め方もできるかもしれないという気もした。[※2] しかし、自分はそもそもウエストを好ましく思っているので、贔屓目かもしれないが、この体験はウエストの素晴らしさを証明するエピソードとして記憶することにする。[※3]

※1　ついこの間、若い店員さんに、雑誌に載っていたその店で扱っている商品について質問したら、何も答えられなかったことがありました。

※2　いったん引き下がり、相手が納得しやすいよう、年配の責任者を連れてくる。というようなクレーム処理マニュアルがあったような気がします。

※3　というより、記憶力が減退した男のただの独り相撲ですね。

モンブランとコーヒー　**洋菓子舗ウエスト**　www.ginza-west.co.jp

082 ディステックのマスク

　また風邪をひいた。去年の暮から数えて3度目で、さすがにかかりつけの医者にも「キミは一体どういう生活をしているんだね？」と言われる始末だ。そう言われても、自分としては特別に荒れた生活をしているとは思っていないし、家では加湿器をフル稼働させて気を使っている。3回とも同じ症状で、最初にくしゃみと鼻水がとまらなくなって、それから喉が痛み出し、最後には咳が止まらなくなるのだ。今回は喉が痛み出したところで医者に診てもらったので軽くてすみそうだ。他人にうつさないようマスクをして過ごしている。薬局でいろいろなマスクを買ってみた。花粉症というのであればそこが大事な点なのかもしれないが、高価でいろいろな能書きがついたものと安いものとにどれほど差があるのかよくわからない。結果的にディステックのマスクが自分にはいちばん合っているように思った。これはカナダのケベック州に本社がある、主に歯科用のガーゼやグローブなどを作っているメディコムという会社の製品だ。プリーツ式で顎の下までカヴァーしてくれるし、息苦しくなることもゴムで耳が痛くなることもない。

　ところで、自分はいつもキャップを目深にかぶっている。目が悪いので眼鏡をかけてもいる。その状態でマスクをかける。そうすると、ニュース映像などで見る、防犯カメラに写された銀行カードを不正使用する男のようになる。前にそんな姿で、よく顔を出す家具屋に行って「こんにちは」と声をかけた。いつもは愛想良く挨拶を返してくれる留守番の女の子が、明らかに脅えた様子で黙っている。すぐに気がつきマスクをはずすと、「誰かと思いましたよ」とやっと笑ってくれた。昨日も、駅前で知り合いに挨拶をしたら、やっぱり不審者を見るような目つきで軽く身構えている。マスクをはずすと「なんだ。びっくりしたよ」と言われた。そんなに極悪そうに見えるのだろうか。いや、見えているのだ。だから、銀行で振り込みの順番を待つときもマスクをはずし[※1]、夜遅い時間にコンビニに寄るときもマスクをはずす。風邪をひいただけなのに肩身が狭い。

※1　キャップに眼鏡にマスクの男が防犯カメラの前に立っているわけですから。

Distechの感染予防用マスク（50枚入り）

083

クイックシルヴァーのTシャツ

近所の本屋で立ち読みをしていたら、ホンマタカシさんが撮ったノース・ショアの写真が雑誌に載っていた。波の写真は相変わらず素晴らしい。そしてそれ以上に道の写真が素晴らしい。自分もノース・ショアに2回だけ行ったことがある。オフ・ショアという言葉もその意味も知っていたが、実際に背後から海に向かって強く吹き下ろしてくる風で大波が押し戻され静止しているかのように見えるのを目の当たりにすると、サーフィンができない自分でさえも心の底から感動する。しかし、自分がノース・ショアでいちばん好きだと思う風景はその世界有数の波ではなく、サンセットビーチの夕陽でもなく、海岸沿いの一本道とそれに平行して低く張り巡らされた電線の束だ。[※1] たぶん言葉の解釈が間違っていると思うが、あえて言うと、自分にとってもっともメロウな風景。だから、その雑誌に掲載されたホンマさんの道の写真はノース・ショアそのもので、甘美さに涙腺が緩んだ。

サーフィンができない者にとってノース・ショアは楽しみの少ない場所である。買い物ができるわけでもなく美味しい食事ができるわけでもない。最初にノース・ショアに行ったとき、ハレイワの近くのマーケットプレイスにあるクイックシルヴァーでＴシャツやコットンのセーターを大量に買った。それまでサーフショップに入ったことすらなかった。しかし、なにしろサーフショップとパタゴニアとコーヒーショップとサーフミュージアムしかないマーケットだ。[※2] そこで時間を潰す以外やることなどない。つまり、そここそがオアシスなのだ。風の強いビーチにいると思った以上に寒いのでまずグレーのセーターを買った。赤と白の細いラインが袖と胸に入っただけのシンプルなデザインだが作りはとても手がこんでいる。肌触りも良い。そしてシックである。Ｔシャツも同じ。今でも気に入っていて、旅行に持っていくＴシャツはほとんどこのときに買ったものだ。２０００年の11月。いつ買ったかをよく覚えているのは、東京に戻る前夜、眠れないのでテレビをつけっぱなしにして、ブッシュとゴアの開票結果を見続けたからである。

※１　ロサンゼルスが好きなのも電線があるからかもしれません。
※２　あと、自転車屋がありました。他にも数軒あったかもしれないけど、それはまったく覚えてないくらい自分にとっては興味のない店です。

QUIKSILVERのＴシャツ　（値段は忘れました）
North Shore Boardriders CLUB　66-250, Kamehameha Hwy. Ste G, Haleiwa, Hawaii

084

鯵の押し寿し

大船軒の鯵の押し寿しは美味しいらしい。酢で締めた鯵がさっぱりしていてなかなかいけるらしい。らしいと言うのは、一度も食べたことがないからだ。鎌倉駅や大船駅のホームで売っている。だからいつでも食べられそうなものだが、たぶんこの先も口に入る機会は巡ってこないだろう。豊島屋の鳩サブレーも、井上蒲鉾店の梅花はんぺんも、ニュージャーマンのかまくらカスターも、所謂鎌倉名物はほとんど試しているのに、鯵の押し寿しだけを食べた経験がないのは、悲しいかな、それが駅弁だからである。いまでこそ鎌倉から仕事場に通う生活はしていないが、自分にとって横須賀線はもともと通勤電車であった。たとえそれを利用するのが週末の昼であったり、あるいは奮発してグリーン車に乗ったのだとしても、基本的には毎日の通勤のために使っていた電車なので、やはり車中で駅弁を食う気はしない。買って帰って家で食べればいいじゃないかとも思わない。理由はもはや説明の必要がないだろう。自分でも持て余すほど、こういうことには頑迷なのだ。新幹線が開業して横川・軽井沢間が廃止されたばかりの頃に軽井沢に行く用事があり、高速のサービスエリアで仲間につられ釜飯を買って帰ったことがある。横川が終着駅となったのなら釜飯はいわば「元・駅弁」だ。[※1] だから車で買って帰るのも問題なし。自分を納得させる理由がきちんとあった。とても美味しくいただいた。

鯵の押し寿しを食べる手立てをいろいろ考えてみる。こういうのはどうだろうか。箱根に行く機会があるときに買って食べるのだ。しかし、大船で乗り換えてから二宮あたりを過ぎるまでは、東海道線といえども通勤電車に乗っているという感覚が抜けないだろうし、二宮を過ぎてしまえば小田原まではあっという間だ。そもそも箱根に行くのに鎌倉から出発すること自体が考えにくい。駄目だ、話にならない。だいたい、鎌倉から行く所といえば、新橋か恵比寿か逗子か横須賀ぐらいである。ああ、誰か、自分が大船軒の鯵の押し寿しを食べられるような妙案を授けてくれないものだろうか。[※2]

※1　新幹線の車内販売はあります。横川駅がなくなったのではないけれど、高崎からの電車が碓氷峠を越えるルートは廃止され横川が終着駅になった。だから、横川に用事がないかぎり、それまでのように駅で停車中に駅弁を買うことはできなくなったという意味です。当時、相当騒がれました。

※2　品川駅にも売っているらしいので、大阪出張などがあればそのときに買って食べるという手も考えましたが、なんだか小賢しい気がするんです。

鯵の押し寿し　　大船軒　www.ofunaken.co.jp

085

今年のビーチサンダル

気温25度以上になったら短パンを穿くというのが自分の夏のスタイルだった。それは、鎌倉に住むようになってからのことだ。海の近くの町では、暑くなれば子供から老人までが短パンとビーチサンダルで過ごしている。だから抵抗がなくなるのだ。それに、短パンは脚が細く長い人、つまりバランスの良い人にはあまり似合わないものだと思う。自分はそれとはまったく逆の体形をしているので短パン向きだ。かなり勝手なことを言っているとは思うけれど、納得する人も多い考えのはずである。とにかく、短パンに抵抗がなくなってしまい、そのまま仕事場にも行くようになった。しかし、短パンを穿いて足元がビーチサンダルだと、いくらなんでも通勤の格好としてはまずかろうという社会性は持ち合わせている。だからスニーカーを履く。それが何年か続いていたのだが、タイやハワイに続けて旅行するうち、ビーチサンダルで東京の街を歩いたって構わないじゃないかという気分になってきた。それで、去年はまだ寒い頃から、タイでビーチサンダルを何足も買って帰ったり、内外ゴムのブルーダイヤを何足も用意したり、仕上げにドイスでハワイアナスのトラディショナルを全色揃えたりして、夏の到来を待った。

さて、足元がビーチサンダルになるのだから、自分のドレスコード[※1]に従えば、仕事に行くときは短パンを穿いていてはいけない。そこで、クラッカーで買ったヒッコリーのベイカーパンツを穿き、Tシャツなどではなくきちんと襟のついた麻のシャツを着るようにした。２００４年夏の自分は、それ以前に比べ格段にドレスアップされたのだ。

大人に会って大人の話をする日は、トートバッグにスニーカーと靴下を入れ、適当な場所でビーチサンダルを履き替えた。自分としては万全を期しているつもりだったが、ある日、仕事場の近くで尊敬する先輩にばったり会い、「その足元は何？」とやんわり注意された。バッグにはスニーカーが入っていたのに、予期せぬことだったので履き替える暇がなかった。このあたりの対応をどうするか[※2]、今年の夏の課題としたい。

※1　短パン＋ビーチサンダルはカジュアル、短パン＋スニーカー、もしくは長いパンツ＋ビーチサンダルは（やや）フォーマル。

※2　ビーチサンダルで出かけたことを忘れ、待ち合わせの老舗ホテルに入ろうとしたら追い出されそうになったこともありました。事情を話して入れてもらいましたが、「次回からはそのような格好はおやめください」と叱られた。

ビーチサンダル各種　（値段は忘れました）

086
カリフォルニアのピノ・ノワール

カリフォルニアワインばかり飲んでいる。それもピノ・ノワール。別に葡萄の品種に詳しいとかこだわっているということではない。出されて美味しいと感じたワインの名前を覚えておけばどこかでまたそれが飲めるだろうと思っていても、事はそう簡単にはいかず、せっかく覚えたワインの名前なのにソムリエが差し出すリストにそれが載っている確率はかなり低い。だったら好きな味の葡萄の品種を記憶しておいて、あとは値段が折り合いそうなものを選べばいいと考えたのである。そういう基準で選ぶと、カリフォルニアのもののほうが良いように思う。ヴィンテージが変わった途端に印象が違ってしまうというようなことが少ない。「はじめまして。ぼくはジェームス・クラーク。ジムと呼んでくれ」と、臆することもなく力強く握手を求めてくるアメリカ人、絵に描いたように表裏のない人物が100メートル先からでもわかる満面の笑みを湛(たた)えている感じの、明快で安定した味だ。たまに底意地の悪そうなフランス人とつき合うのも面白いかもしれないが、まあ今日は疲れているからやめにしようなどと思い直し、結局は「カリフォルニアのピノを」ということになる。そういう頼み方をしていて、これだけは名前を覚えておかなくてはと思ったのがクロ・デュ・ヴァルというワイナリーのピノ・ノワールだ。なのに、3日も経たないうちに名前を忘れてしまった。ならば同じ店に行くしかない。知人を誘って件(くだん)のワインを注文し、二度と忘れないようにラベルをもらって帰ることにした。

ところで、その知人と食事をしながら、パリのレストランでどこがいちばん好きかという話になった。彼女は食べ物に関わることを専門にしている人物だし、自分が最後にパリに行ったのはもう6年以上前のことだから答えに躊躇(ちゅうちょ)したけれど、正直にいちばん好きなヴェトナム料理店[※1]の名前を挙げると、「そこは去年、閉店してしまいました」と言う。彼女があんなに目立たない小さな店を知っていることにも驚いたが、いつ行っても変わらない街と勝手に思いこんでいたパリでさえ、好きな店が消えることはあるのだとショックを受けた。カリフォルニアにばかり行っている場合ではないかもしれない。

※1　エティエンヌ・マルセルの近くにあった「Reve d'Asie（アジアの夢）」という店。テーブルが5つくらいしかない小さな店でした。

Clos du Val Pinot Noir（2002）

プチファブ！

012

dosaのティアードスカート

お早うございます、「カミさん」です。

そろそろ大好きなdosaの新作が入荷してる頃だなと鼻をきかせて代官山のG.O.D.に行ったら、鮮やかなオレンジやグリーン、ターコイズなど、dosaお得意のカラーヴァリエーションの春物が並んでいました。私自身も一年中クルーズラインの女なので、dosaで買ったシルクのスカートを、寒い冬でも下に何枚も重ねて楽しめてしまうくらいこのブランドのファン。毎シーズン必ずたくさん買ってしまいます（こうなるとコレクターですね）。

さて今シーズンは、いろいろな小花柄やチェックをパッチワークしたティアードスカートと、キャミソールワンピースとレースのスカートを購入。特にこのティアードスカートは、どことなく南仏のソレイアードを思わせグッときてしまいました。これにはレペットのゴールドのバレエシューズや白のレザートングサンダルでも合わせちゃおうかな。

最初からこんなに飛ばして買い物しているけれど、dosaはこの後さらに、ゴールドとシルヴァーのコレクションとインディゴのコレクションが入荷するらしいのです。大変です。破産するかも。でも、コレクターとしては欲しい！　いや、でも買いすぎかも。という楽しい悩みの毎日です。ま、平和ってことですかね。

プチ情報　それから、dosaの白シリーズは本当に綺麗で、毎シーズン刺繍かレースのものを展開しています。手仕事好きの人なら買っておかないといけませんよ！

dosaのティアードスカート　（値段は忘れました）　代官山の「G.O.D.」にて購入

087 ローザー洋菓子店のチョコレート

　どの町に住んでも歩く道順や顔を出す店はすぐに限られてしまう。その、あまり数の多くない馴染みの店がなくなってしまうと、そうそう簡単に代わりは見つからないから困り果てる。鎌倉に引っ越す前は田園調布に住んでいた。毎日のように通っていた駅前のカフェが急に閉店してしまうまでは、散歩しがいのある道がたくさんあって、こぢんまりした商店街にも自分に必要な店が最低限揃っていたので快適だったが、カフェがなくなった途端に友だちに会う機会が減ったり、どうにも具合が悪いことになってしまった。急に町に魅力がなくなったように思われて、それで引っ越すことにしたのだ。[※1]

　蒲田に行った帰りに、時間があったので田園調布で降りてローザーのお菓子を買うことにする。改築された後の駅の様子は何度か見ていた。しかし、商店街をゆっくり歩くのは久しぶりだ。商店街のある緩やかな坂道を下って右に曲がるとローザーがある。ところが、その商店街がまるで違ったものになっていた。蕎麦屋がない。イタリアの輸入食材を扱っていた店もない。煮込みソバが美味しい中華料理店もない。あまりに変わっているのでローザーの前を通り過ぎ、そのまま前に住んでいた家の近所まで歩いてみることにする。パン屋がない。本屋もない。自分に縁談を奨めてくれた和菓子屋は残っていたが、ビルになり見違えるほど綺麗になっている。それ以上は進む気がしなくなり途中で引き返した。ローザーの真向かいに「いちごのお家」という、苺の形をした派手なサンリオの建物がある。ちょうど自分が住んでいる頃に建ったものだ。なんと醜悪なのができたんだろうと当時は嘆いたが、その建物が妙に懐かしく感じられる。そこだけが昔のままだったし、赤いタイルが雨風で色がくすんでそれなりに味わいもあった。ローザーでシュークリームを買おうとしたら、「本日のケーキはすべて売り切れました」という札が出ている。チョコレートを買って帰ることにした。[※2]シュークリームが食べられないのは残念だが、住んでいた頃もいつも売り切れだったのでちょっと安心した。

※1　なんでも「引っ越し」という手段で解決してしまうのが自分の悪い癖なのだと思っています。

※2　チョコレートはコーヒー味のものがいちばん好きです。だから、それだけが入った袋を買えばいいのに、包み紙がきれいなので、ついつい全種類入ったものを買ってしまいます。

ミックスチョコレート　　ローザー洋菓子店　東京都大田区田園調布2-48-13

088

コピーの写真集

前に太呂くんがくれたコピーの写真集を繰り返し見ている。ロサンゼルスの上空をセスナだったかヘリコプターだったかで飛び、個人宅の使われなくなったプールを探す。水の入っていないプールは上から見るとすぐにわかるらしい。そして地図に印をつけ、地上に戻ったら車でその場所に向かう。だいたいは人が住んでいないから、勝手に侵入しプールの掃除をしてスケートボードをする。その一連の行為に同行した太呂くんが、写真に撮ってまとめたものである。自分は幸運にもカラーのオリジナルプリントも見ているが、明らかな違法行為であるプールスケーティングを、太呂くんは切なくなるほどに美しく静かに捉えていた。その輝きは、スケートボードに興味があるなしにかかわらず誰にでも伝わるはずだ。彼はいま、これらを写真集として出版するべく動いている。素晴らしい本になるに違いない。[※1] だが、写真集ができたとしても、この私家版コピー本の価値が下がることも、魅力が消えることも決してないだろう。形にしたい。今すぐに。だったらコピーでいいじゃないか。とにかく伝えたい。だからこれで十分。とっととやってしまおう。そういう直線的な思考のスピード感と、モノクロのコピーになってもまったく説得力が減衰しない骨太な逞(たくま)しさを羨(うらや)ましく思う。だから繰り返し見る。そして、自分が前に仲間たちと作っていたコピー誌を思い出す。そのコピー誌はずいぶんと出来の悪いものだったし、もっとちゃんとしたものをその後いろいろと作ってきたつもりでいるが、どこかにどうしてもそれを超えられない何かがあったように思うのだ。

ところで自分はスケートボードが好きだ。もちろん嘗(かつ)てやっていたわけでもないし、これからやりたいというのでもない。サーフィンも自分にとって似たような思いを抱かせるものではあるが、まったく同じというのでもない。サーフィンがファッション誌で特集されたり高級ブランドの広告のモチーフになることはあっても、スケートボードがそのように扱われることはないだろうと思う。そこに、自分の憧れの理由があるような気がする。

※1　とても楽しみにしています。夏までにはできるんじゃないかな。（写真集『POOL』2005年刊）

平野太呂『ABANDONED POOLS』

089

ビオットのグラス

喫茶店でぱらぱら女性誌を見ていたらビオットのことが載っていた。日本では簡単に手に入らないものだったが、数年前、輸入雑貨や食器を扱う卸売店で売っていると聞いたことがある。パリに住むJがビオットのグラスをたくさん持っていた。気泡のある厚手のグラスで形もひとつひとつ微妙に違う。ビー玉のような淡いグリーンのものが特に美しい。Jはそれでよくジントニックを飲んでいた。パリのマレ地区にこのグラスを扱う店が1軒あったが、Jの両親の家はサントロペの近くにあり、同じコート・ダジュールのアンティーブから30分あればビオット村[※1]に行けるので、たぶんそこで買ってきたのだろう。だから、ビオットが東京で手に入ると知ったときはがっかりした。いつかビオット村を訪れる機会があったら買おうと、パリでも我慢したものを、どうして東京で買わなければならないのか。ちなみにその卸売店の扱いは、いまでは北欧の食器類が中心になっていて、南仏ものはほとんど見当たらないそうだ。それが東京という街だ。

さて、女性誌の話に戻ろう。どうやらビオットを扱う店が代官山にできたらしい。さっきまでの話は忘れてほしい。ビオットが近所で売っているなんて素敵じゃないか。すぐに行ってみた。店内にはカラフやワイングラスがたくさん並んでいる。Jが使っていたあの淡いグリーンのグラスもあった。それは自分にはちょっとサイズが大きすぎて手に馴染まない。いちばん小さいものに決めてレジに持っていく。すると若い店員が「実は値段が決まっていなくてお売りできません」と言う。店がオープンし商品が棚に並んでいるのに、売れないというのはどういうことだろう。次の日曜日にあらためて行った。まだ値段が決まっていない。「社長が来週には出張から戻ります。すぐに値段を決めるはずです」と言うので、電話番号を残して連絡をもらうことにした。それから2週間以上経っているが連絡はない。なんだか東京らしからぬのんびりした店だが、そのおかげであらためて、ビオットを東京で買おうとしてはいけないのだと反省した。

※1　フェルナン・レジェの美術館があることでも有名ですね。www.verreriebiot.com

090

リサ・ラーソンのアザラシ

朝のワイドショーが、ついにパロが個人向けに販売されることになったという話題を紹介している。パロというのは、つくばの産業技術総合研究所が開発した動物型ロボットで、コンピュータ2台分の頭脳と光センサーを備え、声をかけるとそれに反応して表情を変えるらしい。価格は35万円、200体限定、すでに100体の予約が入ったそうだ。初代アイボにすら何も反応しなかったほど、自分はこの手のものには興味がないのだが[※1]、今回は大きな問題がひとつある。パロがアザラシの形をしていることだ。タテゴトアザラシの動きを観察するために生息地にまで行ったというから、テレビで見るかぎりはなかなかの出来なのである。案の定、カミさんが食い入るように画面を凝視している。

前に雑誌の表紙にアザラシの陶器の置物が載っていた。たぶん好きだろうなと思いカミさんに見せたら、とても気に入った様子である。それからは、いろいろな雑誌でその置物が取り上げられるたび「載ってるよ」とアピールするので、何ヵ月か後にたまたま六本木に行く用事があったとき、買って帰ることにした。店員にアザラシが欲しいと伝えると、「ひとつひとつ表情が違います。どうぞ選んでください」と言う。確かに、はじめて間近で見たリサ・ラーソン[※2]の動物シリーズは、よく言われている通り陶器とは思えない温かみがあり、色のつけ方なども絶妙だった。だが、ひとつひとつ違うといったって、白いアザラシの顔の部分に黒い丸で目を、黒い線で鼻と口を描いているだけだ。それを「表情」と呼ぶのは大袈裟だろうと思いながら、3つばかり店員の出してきたアザラシを手に取った。驚いたことに、明らかに表情があり各々が違った個性を持っている。迷いに迷い1つに絞って、家に持ち帰り棚に置いた。自分が部屋のどこに居ても、ふと棚を振り向くとアザラシが潤んだ瞳でこちらを見ている感じがする。カミさんが「タマちゃん」や「ウタちゃん」や「カモちゃん」のニュースを飽かず愛しそうに眺めていた気持ちが、その日ようやく理解できた。でも、35万円のパロは無理。

※1　ロボットに興味がないとか動物に興味がないとか、そういうことではありません。ロボットの動物に興味がないんです。それを飼うことにも。

※2　グスタフスベリ社で長年にわたり専属デザイナーを務めた後にフリーになり活躍。スウェーデンを代表する陶芸作家。

Lisa Larsonの陶器の置物（アザラシ）　www.lisalarson.shop

091 おさきの新とり菜

Yさんと「おさき」に行った。まだ夕方の5時だ。おさきに一人で行くのは気が引ける。あそこのカウンターで独り飲む自分の姿はまだまだ様にならないだろうと思うからだ。それで、この店のことを教えてくれたYさんを誘った。Yさんが最初「いつも行く店で良かったら」と言いながら連れていってくれたとき、はじめて入るおさきに見覚えがあるような気がしたが、ご主人は面識のない人だった。しばらく飲んでいて、やはりここには絶対に来たことがあるという確信がわいてくる。思い切って「もしかしたら、以前、ここは小網という天麩羅屋さんじゃありませんでしたか?」と尋ねてみた。「よくご存知ですね」とご主人が笑いながら答える。小網だった頃に何度か昼飯を食べにきたことがあったのだ。かき揚げが絶品だった。その小網の店主が病気で休むことになり、その間、手伝っていたおさきのご主人が、結局、この店を引き継ぐことになったという。

おさきで必ず頼むものといえば、何をおいてもまず新とり菜だ。白菜の一種らしい菜っ葉と油揚げの煮浸し。「芯とり菜」とも書くそうで、それくらい柔らかい。そして淡いのにとても豊かな味がする。あとは湯葉。全体におさきの料理は強く個性を押し付けてくるようなことはなく、もしかしたら何も食べなかったのではないかと思うほどに軽い。鶏肉やきんきなどの焼き魚を頼んだとしても、まったく同じようにご大層なところが一切ないから、いつも酒が進み過ぎて困る。この日はのれそれ[※1]と空豆があったのでそれも頼んだ。寒い日が続いていても、春は確実に近づいている。自分の記憶では、おさきに一人で来てカウンターで飲んでいる客を見たのは一度だけだ。白髪のお婆さんだった。ずっと黙って燗酒をちびりちびりやっている。何かを思い出したように、時折、酒で喉を潰したに違いない嗄(しゃが)れ声でご主人と談笑し、そしてまたずっと黙って飲む。あんなふうに堂に入るまでは、やはり誰かを誘ってくるしかないと思った。ところで、気になったので聞いてみたら、Yさんは一人で来ることのほうが多いらしい。すごく悔しい。

※1　穴子の稚魚。高知県での呼び名で、関西では「べらた」とも言うそうです。ポン酢で食べるんですがとても美味しい!!

新とり菜　(値段表のない店です)　　**おさき**　東京都中央区銀座4-12-4(閉店)

092 ナイーフのロッシェ

函館から積丹（しゃこたん）半島まで海岸線に沿って車で北上したことがある。途中、町の名前はもう忘れてしまったけれど、昔は鰊（にしん）御殿だったという大きな民宿に泊まった。夕方からたらふく食べて飲んで騒いで寝て起きて、翌朝に出てきた食事がまたすごい量だったのだが、イカの刺し身がついていたことがとても嬉しかった。一緒に行った連中は「朝から酒の肴みたいだね」と手を付けない。イカの刺し身は朝飯のときに食うもので、食い切れなかったら酒の肴用に塩辛を作るというのが北海道生まれの自分の常識だったから、みながそう言うのを不思議に思った。捕れたてのもの、作りたてのものを朝飯前に買ってきてすぐに食べられること以上の贅沢はない。魚もそうだし、豆腐やパンもそうだと思う。

家の近所にパン屋が2軒ある。どちらも9時からやっている。味も大切だが開店時間が早くなければパン屋としては不合格ではないか。代官山という土地柄を考え、この2軒の開店は早いと贔屓（ひいき）しておく。[※1] 角食ならシェリュイのものが美味いし、ナイーフではもっぱらバゲットかカンパーニュ・フィグを買う。ときどきラスクとロッシェも買う。[※2] あの、口の中でほとんどが空気のように消えてしまい、ねっとりとした甘味だけが残るメレンゲロッシェは特に好きだ。これは勝手な想像でしかないが、ラスクは余ってしまったバゲットを薄切りにし焼いて甘味をつけたものだろうし、ロッシェは卵黄でクリームを作った後、使い道のない卵白に砂糖を加えて泡立て乾燥焼きしたものだろう。素朴なお菓子の簡素な包み方にも[※3]ブーランジェリーと名乗る誇りと、商売の仕方の真っ当さがそのまま表れていて、それもこの店を好ましく思う理由だ。実は、ずいぶん前からナイーフのことは知っていた。美味しいと評判だったし食べたこともあった。なのに、所謂（いわゆる）「流行りのおしゃれなパン屋さん」としか見ていなかったのだ。自分の眼は節穴である。引っ越しをして、日曜の朝にパンを買いにいく家からいちばん近い店になるまで、ナイーフが気持ち良い実直さを持ったパン屋だと見抜くことができなかったのだから。

※1　7時が理想です。勝手なこと言うなって感じでしょうが。

※2　最近のお気に入りは〈かりんとう〉です。細く切った黒砂糖味のラスク。

※3　つい最近までは、ただのビニール袋に無造作に入れてあるだけだった。いまはもうちょっときれいに袋詰めされていますが、それでもそうとう大雑把。でもこれ以上はきれいにしなくていいと思います。個人的に。

ロッシェ（5個入り）　**LA BOULANGERIE naif 代官山店**　（世田谷区若林に移転）

プチファブ！

013

ケイト・スペードのサングラス

お早うございます、「カミさん」です。

みなさんはサングラスをいくつ持っていますか？　私はラッキーなことに視力がとても良いのですが、顔がプチなのでサイズがしっくりくるものを探すのは結構苦労します（小顔も案外大変なのです）。デザインが良くて、顔へのフィット感が抜群で、それからいちばん大事なのはサングラスから眉毛が絶対出ないこと（これはかなり重要なポイントです）！　ジャッキーやオードリーも決して眉毛が見えてませんでしたよね？　そんなサングラスに出会ったならば、やっぱり買わずにはいられません。

そんな調子で理由をつけては、いろいろなブランドのサングラスを所有しちゃってますが、このケイト・スペードのサングラスはその中でも特にフィット感が最高です。ツルの部分が先端にいくほど細くなっていて顔にピタリと沿う感覚は、これって私のために作られたものではないかと思ってしまうくらい気持ち良いもの。パンツは腰穿きでズルッとしていてもいいけど、サングラスがズレるのはギャグになってしまいますものね。それと、もうひとつお気に入りのポイントは、ブラウンのをかけると私の憧れの女優の淡路恵子様に変身できてしまうことです。

kate spadeのサングラス　「kate spade丸の内店」にて購入

093

クラッカーのヒッコリーストライプ

最近、人から服装が変わったと言われる。自分としてはいつも同じ格好をしていると思っているので、どうしてなのか理由がわからなかったが、どうやらこのところ毎日お気に入りのデニムを穿き続けていることと関係があるようだ。前の仕事場に遊びに行ったとき、Iくんに「腰穿きじゃないですか」と冷やかされてそう思った。いま穿いているのは4年前に神戸で買ったものだ。このデニムを作り販売していた2人は、その後そこを辞めいまは東京に住んでいる。同じ名前の店が代官山にできていて紛らわしいからあえて店名は書かないが、神戸のその店のデニムは美しく育つことで評価が高かった。同時に、その「育て方」について非常に厳格であることでも有名だった。友だちが紹介してくれてそのデニムを買うことができた。しかし、実は自分はデニムを育てるのが下手である。性格が向いていないのかもしれない。穿き古していい具合に色落ちしたデニムは大好きだが、真新しいインディゴブルーのものを穿くのは気恥ずかしい。洗濯を頻繁に繰り返せば良いものにならないことはわかっていても、自分は洗濯が大好きでそれを我慢することができない。それに、いい歳をしてつんと臭うデニムを穿いていたら周りに迷惑だ。だったらダメージ加工したデニムを買えばいいと言われそうだが、穿いて味が出たから愛着がわくのであって、穿いていないものが最初から穿き古したように見えるのは何か違うように思う。百歩譲って古着を探したって、サイズが合うものに出会えることは滅多(めった)にない。結局、そんなふうだから、神戸で買ったデニムは4年間クローゼットの奥で眠っていた。そして今年になって突然、叩き起こされたというわけである。[※1]

神戸の2人が東京で新しく始めたのがクラッカーというブランドだ。まだ店がないので卸しだけでやっている。先日、展示会に呼んでもらった。欲しくなるものばかりだ。ヒッコリーストライプのカヴァーオールなどを頼む。件(くだん)のデニムを穿いていったので、デニム育成の劣等生である自分は、お手本とする先生2人の前で内心ドキドキだった。[※2]

※1　ネイビーのカーゴパンツを穿くようになって、パンツがサンドとかベージュ系のチノ以外でも落ち着かない気持ちにならなくなったから。あと、寒い冬のうちに毎日穿けばいいのだと思ったから。もう1本、欲しいです！

※2　なにしろ、駄目と言われてることばかりやってるので。きちんと育ててないのに「もう1本、欲しい」と言ってる時点で、すでに駄目ですから。

ヒッコリーストライプ・カヴァーオール　　THE CRACKER　www.cracker-wear.com

094

ターコイズの指輪

去年の夏にタイの島に行ったときのことだ。雨期ではないのにあまり天候には恵まれなかった。蒸し暑くどんよりと曇った日ばかりだ。たまの晴れ間にビーチやプールサイドに寝転んでサンオイルを身体に塗るが、またすぐに曇ったり雨がぱらついたりする。「いかにも島らしい天気だ」と、それなりに楽しむようにした。そのうち、海の向こうに見える雲の色とか風の強さや吹いてくる方角などで、雨が近いことを予測できるようになった。そのときも、前方の雲が黒くなり山から風が吹き始めたから、さらに風は強くなり一気に雨が降るだろうと思い、デッキチェアから起き上がって身支度をする。レストランで雨宿りを兼ね早めの昼食にしよう。カミさんはとにかく日焼けが好きなので、いかにも渋々といった感じでゆっくりと立ち上がる。そうこうしているうちにポツポツと雨粒が顔に当たり始めた。荷物を持ってカミサンの身支度が終わるのを待っていたら、突風が吹いてプールサイドのテーブルの上の灰皿が転がっていく。パラソルが飛ばされると危ないので「早く、早く」とカミさんを急かした。その瞬間、さらに強烈な風が吹いて、ばきばきばきという不気味な音とともに椰子の木が自分のほうに倒れてきた。ホテル自慢の樹齢１００年を超える椰子の木は、５メートルと離れていない場所にゆっくりと落ち、ドーンと地面に弾んで真っ二つに折れた。コンクリートの側溝も粉々に砕けていた。カミさんが叫んでいる。しかし自分には別の世界のことのように思われ、それよりもだんだん強くなる雨脚だけが心配だった。動揺しているカミさんを連れ２人でレストランに駆け込んだ途端、ものすごいスコールになる。ホテルの従業員が「大丈夫か?」と心配そうに自分に声をかける。雨に濡れずにすんだことにほっとしたので「大丈夫」と笑って答えた。女性マネージャーが走り寄ってきて泣き出さんばかりの勢いで「良かった良かった」と言う。それでも自分には実感がわかなかった。昼飯を食べ終えてから、カミさんがしみじみと「ターコイズが守ってくれたんだね」[※1]と言った。

※1　出かける直前にカミさんお気に入りのターコイズのネックレスが毀れたので、別のターコイズのチョーカーとブレスレットを持っていってました。2人とも、旅行のときは必ずターコイズの何かを身に着けています。

095

島の時間

樹齢100年の椰子の木が突風のために自分の目の前に倒れてきた次の日は、朝から太陽がじりじりと照りつけた。それまでの冴えない空模様を詫びるような晴天だ。プールサイドで上席を確保する。[※1]前日、倒れて真っ二つに折れた椰子の木は地面に転がったままで食堂への通路を塞いでいた。あの下敷きになっていたらどうなっていただろう。やっとそんなことが考えられるくらいの実感は出てきたが、すぐにまた忘れてしまうほど良い天気だしなにしろ蒸し暑い。昼前からホテルの従業員ではない男たちが数人、プールの周囲をうろうろしていた。午後になってさらに中年の女性たちも加わり、やがて彼らが椰子の木を片づけにきた作業員であることがわかった。一人の、いちばん年長に見える男が腰にロープを巻き、椰子の木をするする登り始めた。その椰子も、昨日倒れたのと同じくらいの古木で、根元が補強してあるにはあるがいかにも心許ない。ホテルが客の安全を考えて切り倒すことにしたようだ。男は椰子の木の4分の3くらいの高さまで登ってから、腰のロープを解き幹に巻き付けるが、その間、他の男女は芝生の上に寝転んで、煙草を吸ったり談笑したり木登り名人を冷やかしたりしているだけだった。ロープを巻き終え、男はものすごい速さで降りてくる。地上に戻ると全員で笑いながら煙草を吸う。次に別な男がその椰子の幹に巻いたロープの端を、隣の椰子の木に縛り付けた。誰も手伝わない。それが終わりまた全員が談笑しながら煙草を吸う。その次に、さらに別の男がビーチに向かって歩いていき、15分くらいしてからチェーンソーを抱えて戻ってきた。そしてまた全員で煙草を吸う。結局、ロープで重みを支えながらチェーンソーで切り倒し、ブルドーザーで2本の椰子を引きずって運び出すまでに3時間はかかっただろうか。東京なら30分で終了しそうなものだが、彼らはまるでピクニックに出かけた家族のように、のんびりとその作業を心から楽しんでいた。自分も3時間まるまるその作業を眺めた。そして、なんだかとても充実した一日だったように感じた。

※1　いちばんビーチ側（ビーチを通る人をウォッチするため）の、大きな木の木陰にあるデッキチェアがこのホテルのプールサイド特等席だと思います。

096 大佛茶廊の紅梅

大佛(おさらぎ)茶廊のご主人から「庭の梅が見頃です」というメールをいただいているのに、風邪をひいたり雪が降ったりでずっと鎌倉に帰らない週末が続いた。前に住んでいた借家の庭には小さな梅の木があって、別にわざわざ出かけなくても窓から梅を見ることができたのが良かった。どこか遠出をしてということなしに、自分がいまゆっくりと梅を眺められる場所といえば、大佛茶廊くらいのものである。もう間に合わないかと半ば諦めて久しぶりに顔を出すと、白いほうは少しくすんでしまっているが、紅い梅がきれいに咲き残っていた。毎年来ているのに、紅梅には何故かあまり見覚えがない。白梅が散りかけていたから負け惜しみで言うのではないけれど、紅梅の艶(えん)な感じは悪くなかった。いつものように抹茶と「美鈴」の練りきり※1をいただきながらそう思う。ご主人のところに、ここでアルバイトをしていたチナツちゃんが、生まれたばかりの息子を抱いて遊びにきていた。自分も彼女の子供を見るのははじめてで、カミさんと一緒になって慣れぬ手つきでこわごわ抱き上げたりあやしたりしてみる。なんだかすごく歳をとったような気分になった。チナツちゃんの息子が自分の孫のように思えるほどだ。それも悪くなかった。

猫が15匹以上に増えたら家を出ていく。そう宣言しなければならないほどたくさんの猫を飼っていたという大佛次郎の逸話がすごく好きだ。考えてみれば、自分は大佛茶廊の主だった彼の本を読んだことがない。読んでみたくなった。中目黒のカウブックスに何冊か並べられていたことを思い出し、翌日、東京に戻りすぐに買いにいく。『砂の上に』という随筆集※2を見つけ包んでもらう。中に、若宮大路二の鳥居の蒲焼き天麩羅屋からもらってきた庭の紅梅について書いた、「猫の出戻り」という短い文章があった。昨日の紅梅のことだろうか。否。はっきり八重の梅と書かれてあるし、そもそも茶廊は大佛次郎の来客用の別邸だったところだから、はなから違うことは本当はわかっている。それでも、これは昨日のあの紅梅なのではないかと思いながら読むのが楽しかった。

※1　夏の大佛茶廊の庭は最高です。でも、抹茶についてくる美鈴のお菓子が寒天などになるので、練りきり好きとしては秋と冬と春が好きです。

※2　インドを旅行したときのこと、フランスのこと、庭のこと、猫のことなどを書いた面白い本。童話の試作まで入っています。

抹茶と和菓子のセット　**大佛茶廊**　神奈川県鎌倉市雪ノ下1-11-22(閉店)

プチ
ファブ！

014

エクアドルのパナマ帽

こんにちは、「カミさん」です。今日は帽子のことをお話しします。子供の頃のアルバムを見返してみると、夏はストローハット、冬はニット帽をかぶった写真がけっこうあることに気がつきました（正確に言えば、強制的にかぶらされていた）。でもその頃は子供に限らず、大人も帽子が当たり前のようにコーディネートの一部になっていたんですよね。洒落た時代でした。

駅長さんだった私の祖父もソフト帽とパナマ帽をたくさん所有していて、外出のときには必ずかぶっていました。それにかなりの酒豪で、酒を飲んではどこでも（道路でも）寝てしまい、よく近所の人に起こされ覚束(おぼつか)ない足取りで帰宅するのですが、不思議なことに、帽子だけは忘れずにかぶって帰ってくるという特技の持ち主でもありました（小津安二郎の映画『お早よう』に出演していた東野英治郎にそっくりです）。

このパナマ帽は、そんな愛すべきキャラクターの祖父を思い出して5年前に買ったもの。エリス・レジーナのレコードジャケットをイメージしてかぶっていましたが、愛用しすぎてブリムのところがついにほつれてしまいました。でも、とても気に入っているものなのでなんとか修理して、また活躍させるつもりです。

エクアドルのパナマ帽　（値段は忘れました）（購入先は忘れました）

097 タートル・ベイのパイナップル

いままで食べたパスタの中でいちばん不味かったものは、ミラノのドゥオーモ近くにあるカフェで頼んだカッペリーニだった。そこがパリならば、どんなに美味しいと評判のイタリア料理店でさえパスタの茹で加減は微妙というのも我慢できる。[※1]だが、ここはイタリアだ。心底、惨めな気持ちになった。もちろん、いままでいちばん美味いと思ったパスタが、ナポリ郊外のトーレ・デル・グレコ村で食べたリングィーネであることを、イタリア人の名誉のために付け加えておかなければならない。さて、2番目に不味かったのはどこのパスタだろう。いくつか思い当たる。カウアイ島の高級ホテルのフェットチーネか、オアフ島のリゾートホテルのスパゲッティあたりか。いずれにしてもミラノほどに腹は立たない。何故なら、そこで美味しいパスタにありつけると思って注文することが、そもそもの間違いなのだと納得できる場所だからである。

ノース・ショアには、自分の知っているかぎり、ホテルはタートル・ベイ・ヒルトン[※2]しかない。あとはコンドミニアムなどで短期滞在には不向きな場所だ。選択肢がないからヒルトンに泊まる。ノース・ショアの一本道を東の端まで走り左折するとホテルのゲートがある。そのT字路の曲がり角のところにテーブルと椅子が雨ざらしで置かれたままになっていて、それが何なのか前を通るたびに気になった。謎は日曜日になって解ける。ハレイワで昼食をとりタートル・ベイに戻ったとき、例のテーブルと椅子の後ろの木に青い日除けがつけられ、テーブルの上に果物や野菜が並べられていた。星条旗も掲げられている。店番は姉と弟なのだろうか、小学生くらいの子供が2人。あのテーブルと椅子は、どうやら近くの農園一家が日曜にだけ道沿いに出す売店だったようだ。部屋に帰って軽く昼寝をした後で、あらためて歩いてその場所に行ってみる。パイナップルが絶対に美味いに違いない。ホテルの玄関からゲートまではかなりの距離だ。すぐに汗ばむ。ますますパイナップルが食べたくなる。けれど、売店まで来ると、もう誰もいなかった。

※1　いまはどうか知りませんが、パリのイタリア料理屋って、イタリア人がやっていてもなかなか満足できない。良い店があったら教えてほしいです。

※2　タートル・ベイ・リゾートと名前を変えたようです。

Turtle Bayのパイナップル　（店員不在のため買えず）

TURTLE BAY RESORT　www.turtlebayresort.com

098 ラッセルライトのティーポット

食器棚の整理をしていてラッセルライトのものがやけに多いことに気がついた。自分はコレクターではないし、そう公言もしている。必要のないものはできるだけ持たないようにしたいと特に最近はよく考えているので、好きだったからということ以外には理由が思い浮かばない。どのくらいあるのか確かめてみよう。コーヒーカップとソーサーが5客、ティーカップとソーサーも5客、大きさの違う皿が合計25枚。以上はまとめて友人から譲り受けたもの。信じられないほど安くしてくれた。マグカップが2個。まだ開店したての頃の「アールデコモダン」で見つけた。楕円形の皿が大小2枚。小さいほうはカミさんがパリの蚤の市で、大きいほうは、信じられないことに、由比ケ浜の国道134号線沿いにある運動場で開かれたフリーマーケットで自分が掘り出した。※1 ちょっと欠けている楕円形のコンポート皿が1枚。これもカミさんがパリから。別の友人が引っ越し祝いにと言って持ってきてくれたアルミニウムのボウル1個。縁の2ヵ所に穴が開いていてそこに籐が巻き付けてある。このアルミと籐を組み合わせたシリーズは珍しいものだと思う。彼が前にやっていた店に同じシリーズのフラワーベースが飾ってあったのを覚えているが、それ以外に見たことがない。そして、どこでどうやって手に入れたのか、どうしても思い出せないグレーのティーポットが1個。「把っ手の部分を修理してあるので、お湯を入れないように注意してください」と言われたことだけ記憶している。だから、日本で買ったものだろうと思う。ティーポットなのにお湯を入れるなと言うほうも言うほうだし、それを買うほうも買うほうだ。それくらいはラッセルライトに執着していたかもしれない。いずれにしてもこのようになんとなく集まってきたのだから、自分は断じてラッセルライトのコレクターではない。そもそもひとつのものをコンプリートで蒐集するような根気と財力が自分にはないから間違いない。だからこれは言い訳ではない。ないはずだ。まあ、数が多すぎるというのは認めてもいいが。

※1 このときのフリマはなんだかすごくて、他にリック・グリフィンのオリジナルポスターも見つけました。フリマは最近はできるだけ近づかないようにしています。必ず何か買ってしまうから。

Russel Wrightのティーポット （値段は忘れました）（どこで買ったか思い出せません）

099 イームズの椅子

4年前、ロサンゼルスの知り合いの家にはじめて遊びに行ったら、リヴィングルームにイームズの椅子が何脚か雑然と置かれていた。壁に掛けられた絵やテーブルに積まれた本やCD、ソファに転がっているギターなど、どれをとっても柔らかな知性を感じさせる部屋だが、彼がそこにイームズを選んで使っていることがとても印象的だった。自分もいくつかシェルチェアを持っていて、サイドのあるものはラウンジチェア、サイドのないものはダイニングチェアと、まるで教科書に載っている法則のように思いこんできた。ところが、その家にあったサイドなしのラウンジチェアに座ってみて、プラスチックのシェルはラウンジの高さで、しかも肘掛け部分がないほうが座りやすいということに気がついたのだ。東京に戻ってすぐ、知人にイームズの脚を替えてくれるよう交渉をして、とりあえず1脚だけサイドなしのシェルをキャッツ・クレイドル[※1]にしてみたら、座り心地が格段に良くなり、それにばかり座るようになってしまった。他のシェルチェアもすべて脚を替えようと思ったまま時間が経っているが、そろそろ実行したいと思う。

ところで一時期、「イームズの次」とか「イームズは卒業」などとやたらに雑誌が書きたてていた。自分はどうしてそういう言葉を使うのかよくわからなかった。飽きたということだろうとは思ったが、だったら飽きたと書けばいい。イームズは誰もが知っているポピュラーなものになってしまったから、もう少し手に入れにくい、知られていない、他人と違うものを探していると、素直に言ったほうが、そういう気分も理解できる。だがイームズの椅子が誰もが知っている存在になるのは、そもそも最初にそれを理想と考えて作られたものなのだから、ある種の必然であって、そういう椅子があのように美しい形をしていることこそがイームズの本質なのだと思う。だから、誰の家にもあったっていいじゃないか。そのことでイームズの素晴らしさが損なわれることはない。もしイームズに卒業があるのだとしたら、自分はこの先も留年を続けて落第生でいたい。

※1　あや取りのような形をしたラウンジチェア用の脚のことです。黒とシルヴァーがあって、これも前は黒じゃなければダメと思っていたけど、最近はシルヴァーのほうが好きになりました。ちなみに交換は、この椅子を買った店でやってもらってます。

EAMESの椅子の脚交換とリペア　（値段は状態によります）

100

中古のポラロイド６８０

　銀座をぶらぶらしていて中古カメラ店のウィンドウを何気なく覗いてみたら、リコーＧＲ１というカメラが数台、並んでいた。自分も前にこのカメラを持っていたのだが、広角レンズがついた新機種が出ると聞いてそちらに買い替えようと思い、Ｉくんに譲ってしまった。その後、その新機種を見にいってみると、レンズが本体にしまいこめない構造になっていて、あまりデザインとして美しくないように感じたので買うのをやめた。ちょっと早まってしまったと後悔する。しかし、譲ってしまったカメラを買い戻すわけにもいかないので、また新しいのを買い直せばいいかとそのままにした。そうしたら、いつの間にかリコーＧＲ１は製造終了になり店頭から消えてしまっていたのだ。そのカメラを久しぶりに見たものだから、ちょっと気持ちが動いた。ＧＲ1sとＧＲ1vとがあって、違いがわからない。そもそも前に自分が使っていたのがどっちだったかすら覚えていない。それでＩくんにその場から電話した。ＧＲ1vのほうが良いからそちらを買うべきですと教えてくれる。いつもならそのまま店の中に入るところであるが、そのときは珍しく、自分はこの先、果たしてこのカメラで写真を撮るのだろうかと考えた。そして、必要なのはやはりポラロイドカメラなのだと思い直し、そのまま散歩を続けた。

　恵比寿にも中古カメラを扱う店があって、前に覗いたときにポラロイド６８０が飾ってあったことを思い出し、仕事場に戻ってからＩくんに、６８０は自分がいつも使っている６９０とどう違うのかを聞いてみる。意味がわからない。どんな答えが返ってきた。「明るさが違います」と言われた。意味がわからない。どんな答えが返ってきても理解しようとする気がないのだから質問しなければいいのだが、Ｉくんはそんな自分のいい加減さまで知っているので、彼が愛用している６８０を貸すから試してくださいと言ってくれた。とにかく良いカメラらしい。Ｉくんが６８０を持ってきてくれるのが待ちきれず、その日のうちに恵比寿の店に行ってみると、６８０はすでに売れてしまっていた。[※1]　６８０を試す理由がなくなってしまったが、どうしよう。

※１　その中古カメラ屋で「待てば、そのうちまた入荷しますよ」と言われました。ちなみに680は1982年に、SX-70の後継機として発売されたカメラで、690は同じスペックの復刻版（'96年に日本限定で復刻）なのだそうです。そのことは、前に自分が編集していた雑誌の「ポラロイド特集」にちゃんと書いてあるそうです。「読んでないんですか!?」って怒られますね。

Polaroid SLR 680　（そのときに見たのは３万円弱でした）　**大沢カメラ**　東京都渋谷区恵比寿南1-1-12
www.oosawacamera.com

101 食後のアルマニャック

わりと最近まで食後酒の効用を知らなかった。いや、ただの勘違いかもしれないから「効用」というのは正しくない。モノポールで苦しいくらいにたらふく食べた後、アルマニャックを1杯飲んだらたちまち胃がスッキリしたように感じたのだ。そのアルマニャックはワールドカップ・フランス大会の年にトゥルーズの酒屋[※1]で自分が買ってきたものである。街でいちばん美味しいと言われて入った「ミシェル・サラン」[※2]というレストランのシエフがとても親切な男だったので、調子に乗って「良いワインを安く手に入れられる酒屋と、そこで買うべきワインを教えてほしい」と頼んでみた。二つ返事でお薦めのワインの名前を紙にさらさらと書きながら、「ワインもいいけど、これを買って帰らなければトゥルーズに来た意味がないよ」と念を押されたのが、シャトー・ド・ラ・ベロジエというアルマニャックの1975年ものだ。コニャックとアルマニャックの違いすらよくわからなかったが、そこまで言われては買わないわけにはいかない。トゥルーズの後、さらにリヨン、ナント、パリを回る旅だったから、邪魔になって何度も誰かにあげて置いてきてしまおうと思ったけれど、結局、東京まで持ち帰った。持ち帰ってはみたものの、そもそも自分には家で酒を飲む習慣がない。結局、アルマニャックは6年間も台所の隅に放っておかれた。6年目にしてようやく、モノポールに預かってもらえば行くたびに飲むことができると気がつき、早速、アツオくんに頼み込んでみた。「ときどき、好きに飲んでも構わないから」という条件にもなっていない条件でアツオくんは了承してくれ、それからちびちび飲んで瓶を空にするのに2ヵ月もかからなかったろう。

久しぶりにあのアルマニャックが飲みたくなり、アツオくんにまた無理を言って、同じものを取り寄せてもらった。ヴィンテージは1977年に変わりラベルも違っていたが、相変わらずうまい。たまに食後に出してもらっているが、どうも自分が飲む以上に量が減っているような気がする。絶対にアツオくん以外の誰かが、勝手にこっそり飲んでいるに違いない。

※1　Busquets（21, place Victor Hugo, Toulouse）
※2　Michel Sarran（21, blvd. Armand Duportal, Toulouse）

Châeau de la Bérogeのアルマニャック

102

ゴーティーのCD

ゴーティーに行った。正月明けに何度か続けて寄っているが、その度に臨時休業日にぶつかって、気がついたらもう半年近く顔を出していないことになる。知らない間にアップライトピアノが壁の前に置かれていた。ただでさえ席数の少ないカフェなのに、さらにテーブルの数が減っている。成人の日にニール・カサールのライヴをここでやったようだから、そのときのセッティングのままにしているのかもしれない。久しぶりに店主のMくんと話をした。ニール・カサールは中平卓馬と森山大道の大ファンで、まだ実現はしていないけれど、自分のCDジャケットに中平卓馬の写真を使いたがっているのだそうだ。「ニールは村上春樹の小説も好きだって、前に言ってなかったっけ?」と聞くと、「それはジム・ビアンコです」と笑われた。ゴーティーでかかっている音楽は自分の好きなタイプのものだが、知っているミュージシャンだったためしがない。日本では契約がまだないような小さなレーベルのCDをかけていることが多く、いつも気に入ったものを買って帰る。[※1]好きで買っているわりには名前が覚えられない。この日も、とても美しい曲がかかっていた。ギターのインストで、ビーチ・ボーイズの『ペット・サウンズ』に入っている曲にそっくりな旋律。誰なのかMくんに尋ねた。「マット・ウォードです。この人のCDは今までに2枚買ってもらってますよ」と言われたが思い出せない。ジャケットを見せてもらうと、その曲はまさしく「ユー・スティル・ビリーヴ・イン・ミー」だった。

食べ物はどれも美味しく、好みの音楽がかかっていて、しかもそれは自分にとっていつも未知のもの。こんなに素晴らしい場所は他にない。だから、店の真ん中にピアノを置いていて商売のほうは大丈夫なのだろうかと、余計な心配をしてしまうのだ。初夏にはここでクレア・マルダーのライヴがあるというので、チケットを予約した。昔、札幌に住んでいた頃に、自分はクレアの父親[※2]のライヴを友人たちと主催したことがあるのだが、そのせいでボーナスがすべて消し飛んでしまったことを思い出した。

※1　念のためにしつこく言うと、ゴーティーはカフェです。お店でかけてるCDを販売もしているのですが、さらに、レーベルの運営、海外のCDのディストリビューションもするようになりました。

※2　ジェフ・マルダーのこと。彼とエイモス・ギャレットの札幌公演の招聘元になったわけです。それにしても、自分の好きなミュージシャンの息子や娘のライヴを観る時代なんですね。

M. WARD『TRANSISTOR RADIO』　Cafe GOATEE　神奈川県鎌倉市小町2-10-7-3F　www.cafegoatee.com

プチ
ファブ！

015

PAUL ROPP×KICKAPOOのキャミソール

こんばんは、「カミさん」です。
外はまだ少し寒いですが、日が射すと暖かい時間もあり、春がそこまで来ている感じがします。でも、毎日着ていく服はいちばん悩む時期でもあります（内緒だけど悩んで遅刻するときもあり）。
冬物はすでに勝手に終わりにしちゃってるので、綺麗な色で素材も薄くフワッとしたものを少し重ね、気分だけでも春を先取りしてます。ＳＵＮ＆ＦＵＮの私にとって、色は服を選ぶときの大切なポイント。「これって日焼けをしたときに似合いそぉう！」というのが基準なので、ついつい色の組み合わせが派手なものや華やかなプリントを選んでいることも少なくありません。そんな理由で、このポール・ロップのキャミソールにも一目惚れしてしまいました。ターコイズカラーにピンクの刺繍がテラコッタ肌に映えるのではと想像しただけで、気分がグッと上がったのは言うまでもありませんね。

プチ情報　ポール・ロップはバリ島をベースに活動しているニューヨークのデザイナーで、ブティックはバリに数店と、ハワイのマウイ島にあるようです。その他、イタリアやスペインなど、ヨーロッパのリゾートや島を中心に輸出しています。シルクや金糸などを使い色もかなり派手で、マハラジャが服になったような感じがお得意みたい。でも、このキャミソールはキカプーとのコラボレーションなので、やさしくリラックスしたものになってます。他にもカラーヴァリエーションあり。

PAUL ROPP×KICKAPOOのキャミソール

103 リュ ファヴァーのエクレア

久しぶりにエイサクと仕事をする機会ができて、彼の新しい事務所に通うことになった。駅から歩いていくと、十中八九、赤信号にひっかかる四つ角があり、信号が青に替わるのを待つ間、正面の建物をぼんやり眺めることになるのだが、その3階建ての建物はどうやらカフェか何からしい。2階と3階の窓際に座っている客が、食事をしているのかコーヒーを飲んでいるのかまでは判然としないけれど、居心地の良さそうな店に見える。四つ角に面した1階には入り口に向かってショーケースが置かれてあって、ケーキがたくさん並べられている。若い男女がその奥で忙しそうに動き回る。店の前にはいつも黒板が立ててあり、ランチのメニューやディナーのメニューがきれいに書き出されている。そこはカフェというより、ビストロのような店だということがだんだんわかってきた。さらにいつも魅力的に思っていたのは、黒板の横にソフトクリームの形をした大きなサインがあって、夜になると中に仕掛けられた電球が灯り、四つ角のかなり先からも見えることだった。ソフトクリームといえば、目黒銀座にあったマロン洋菓子店のソフトクリームはとても美味しかった。夏にしかないメニューで、5月になると、行く度に「ソフトクリームはありますか?」「ごめんなさい、まだです」というやりとりを繰り返す。そのマロンも商売をやめてしまった。この店のが、あれくらい美味かったら嬉しいのだが。

さて、いつ入ろうか。いつかは入りたいと思いながら眺める店があるのはとても楽しいことだ。だから、入るにはかなりの勇気がいる。落胆したくないからである。ここならば絶対に大丈夫という確信めいたものがすでにできてはいるが、それでもなかなか入れない。日曜日にカミさんと散歩していて、少し腹が減ってきた。どこかで軽く食べようということになって、たまたまその四つ角の店の近くだったので、こうこうこういう店があって入ろうかどうか迷っているがと説明を始めると、カミさんは話を最後まで聞かずに「そこ、いい店だったよ」と言った。[※1] カミさんの辞書に「逡巡」の二文字はない。

※1 ランチメニューはどれも美味しそうでした。あとランチセットについてきたグラスワインもしっかりとした味のものを出しているし、これからも通うことになりそうです。3階が禁煙なのも嬉しい。そしてデザートが美味しかったので、帰りにエクレアとリンゴのタルトを買って帰りました。大満足。ソフトクリームは次回来るときのためにとっておきます。ソフトクリームの看板はいまはさげているようです。

エクレール・オウ・キャフェ　Rue Favart　東京都渋谷区恵比寿3-28-12　www.ruefavart.com

104

焼き締めの急須

原田治さんと晩ご飯を一緒に食べようということになり、待ち合わせ場所に指定されたのが松屋地下の「茶の葉」の喫茶室だったので、もしかしたらと期待した。「はち巻岡田」[※1]に連れていってもらえるのではないか。つい先日も入り口の前に立ってはみたものの、川口松太郎以下錚々(そうそう)たる面々の書を染め抜いた暖簾(のれん)をくぐる勇気が出てこなかった。池波正太郎や山口瞳のエッセイにもたびたび名前の出てくるあの店に、もし誰か自分の知り合いで連れていってくれる人がいるとしたら原田さんしか思いつかない。一層(いっそ)のこと「連れていってください」と頼もうか。うだうだと考えながら待ち合わせの喫茶室に行くと、原田さんが静かに煎茶を飲んでいた。しばらくそこで近況を報告し合ってから外に出る。すぐに原田さんが「はち巻岡田でいいですか?」と言った。「いや、実は」と、行きたくて行きたくて仕方がなかったがとても無理だと諦めていましたという話をする。「そんな敷居の高い店じゃないですよ」と笑われた。刺し身や煮物などを肴に燗酒を飲み、締めに念願の岡田茶漬けも食べて、さらにウエストまで歩きコーヒーを飲んでから帰った。次からは、あの暖簾を1人でくぐることができそうに思える。

ところで、待ち合わせをした茶の葉の喫茶室で飲んだ煎茶がとても美味しく、煎茶とはこんなに豊かな味がするものなのかと感心した。店には茶葉[※2]だけでなく、菓子や急須や湯飲みも並べられている。そういえば、確かに喫茶室で使っていた急須はとても湯切れがよく、軽くて扱いやすかった。自分の家では茶をいれるのに柳宗理の白い磁器のものを使っていて、飾っておくには美しいけれど、正直に言うと使い勝手はあまりよろしくない。湯が蓋の隙間からこぼれ出て、盆がびちゃびちゃになってしまうことがある。ちょうど良い機会だから新しいものにしようと思い、次の日にまた行ってみた。いちばん好きな形のものがいちばん値段も高く、しかも薄く繊細なのですぐに割ってしまいそうな気がする。長持ちしてほしいが、どうだろう。結局、奮発してそれを買った。[※3]

※1　松屋銀座の裏にあります。
※2　茶の味も、コーヒーと同じように、産地や品種だけでなく、摘む時期や蒸し方などで決まるようです。
※3　焼き物に詳しい人に、急須の蓋をとり持ち手の部分を下にして立ててみてちゃんと立つものはバランスが良いと聞いたので、家でやってみたら、見事にぴたりと立ちます。

急須　**茶の葉**　東京都中央区銀座3-6-1 松屋銀座B1F　www.chanoha.info

105
趣味の買い物

あちこちに溜め込んだ本を整理するために、友だちの店を借りてフリーマーケットを開いた。いつも何かを買うばかりだが、売る側にまわるのはなかなか面白い。目当てのものがないと見るやさっさと立ち去る人。何か買いたいものが見つかるまでとことん粘る人。買い物を楽しむ人たちを見ていると一瞬たりとも退屈することがない。ブルーノ・ムナーリの子供用知育絵本のシリーズを並べておいたら、さすがによく売れる。だんだん惜しくなってきて、特に気に入っていた1冊だけ自分用に取っておくことにした。ほとんどのものがきれいさっぱり売り切れ、外も暗くなってそろそろ店を閉めようかという頃に、女の子が1人、店に入ってきた。彼女はこの場所の持ち主である自分の友だちのもとで働くスタッフで、自己紹介のためにわざわざ名刺を持ってきてくれたのだ。そして「ムナーリは残ってますか？」と言う。すべて売れてしまったと答えると、「やっぱりさっき買えば良かった」ととても残念そうに帰っていった。彼女は、フリーマーケットを開始してすぐの時間に、一度、覗きにきていた。それからずっと買おうかどうしようか迷っていたのだろう。ひどく落胆した様子だったので、しばらく考えてから、取っておこうと思っていた本を売ることにする。もらったばかりの名刺にあった番号に電話をして「1冊だけ残っていました」と伝えると、彼女は飛んで戻ってきてムナーリの絵本を嬉しそうに胸に抱えて笑った。売った自分まで幸せな気持ちになる素敵な笑顔だ。

「ふつう思想といわれているものが趣味で、趣味がじつは思想だ」。これは1976年に『植草甚一スクラップ・ブック』の予約受け付け用として作られたパンフレットに載っている対談で、木島始が植草甚一に、小野二郎[※1]の言葉として紹介したものだ。ずっと記憶に残っている。とても大事なことを言っているように思うのだ。「趣味は何ですか？」と質問されるといつも答えに窮していたが、どうやら自分の趣味は買い物らしい。そうすると、自分の思想は買い物ということになるが、この解釈は合っているだろうか。

※1　鮨の名店と言われる「すきやばし次郎」の小野二郎ではなく、ウィリアム・モリス研究で知られる小野二郎です。かなり大きなネット書店でも、『すきやばし次郎 生涯一鮨職人』と『ウィリアム・モリス ラディカル・デザインの思想』が同じ著者の本として並んでいるので、念のために付け加えます。そういえば、この『植草甚一スクラップ・ブック』全41巻は、いま毎月数冊ずつ復刻されていますね。（2005年完結）小野二郎の本はとても面白い。『ベーコン・エッグの背景』と『紅茶を受皿で』（どちらも晶文社）を推薦します。

Bruno Munariの絵本　（今回は売る側にまわってみました）

私はモノを買わないけれど

平野紗季子（フードエッセイスト）

「ずっとここにはいないだろう」

小さい頃から引っ越しが多かったせいか、はたまた生来の気質なのか、私はその時々住んでいる家や町について、常々そんな思いを抱いてきた。いつかなくなる、永遠なんてない。生活には常に〝(仮)〟の感覚がつきまとい、だからモノを買うにしたって、一生大事にしたいとか、経年変化を楽しみたい、といったロングライフな視点が全くピンと来なかった（その分、〝消えもの〟である食が好きだった）。当然そんな人間の暮らしに寄り添うのはその場しのぎの消耗品と量販系の家具ばかり。愛情はゼロ。だけどそれが楽だった。

一昨年の末に結婚したから、もしかしたらこれを機に〝生活（本編）〟が始まるのかな？と思ったけれど、今のところ変化はない。自宅では夫が大事に買い集めている北欧ヴィンテージ家具の隅で、引っ越し以来そのままになっている私のプラ製衣装ケースが肩身狭そうに佇んでいる。たしかに景観を損ねているし、いい感じの収納に買い換えたい気持ちはある。だけど、どうにも腰が重い。機能に一切不満もないし、具体的に欲しいブランドがあるわけでもないし。だったらこれでいい、のかな。別にカーサブルータスに取材されることが人生の目的でもあるまいし……(はい、余計なこと言いましたすいません)。

そんなわけで、私はなかなかモノを買えない。花瓶でもマグカップでも、かわいいと思う出会いはあれど、それを手に取った瞬間に〝家の荷物〟とか〝不要になる日〟がよぎって、やっぱりやめとこうと棚に戻してしまう。よく買い物の達人みたいな人が「迷ったら買え」とか「買ってから考えろ」と軽やかに言ってのけるけれど、モノを買うってモノの一生を預かるような責任感があって、物理的にもメンタル的にも重すぎる、と尻込みしてしまうのだ（その点、食べ物は消えものだから本当に楽↑2回目）。だから「旅先の思い出に」とか「記念に買っておこう」といった、記憶装置としての購買にもあまり興味がない。だって物質がなくたって、感動は残るじゃないか。

私みたいな人間がどれだけいるかはさておき、若者がモノを買わない時代と言われて久しい。モノが飽和した世界ではモノへの憧れが弱まった？　モノに頼らなくたって、ＳＮＳがあれば自分らしさは表現できる？　スマホがあればカメラもオーディオもパソコンも地図も財布もゲーム機も、なんにもいらない？　大きな買い物をするくらいならシェアするほうが楽？　様々な専門家が物欲ロスを分析する。

もちろん全ての若者の物欲がこの世から消え失せたわけじゃない。夢中でレコードを買い漁ったり、狂ったようにガーフィールドのグッズを集めている友人もいる。だけど中にはファッションを愛してやまないのに所有欲を一切感じない、なんて子もいる。服のベースはユニクロの形のいいのを安く揃えて次々着捨てて、アクセントの小物やバッグは高価なものを一旦買うけど飽きたらすぐにメルカリに出す。その売り上げでまた新たなおしゃれを楽しむループ。〝一生モノ〟などどこ吹く風の、なかなかドライなやり口だ。

ここまでくると買い物しながら売り物を仕入れるような状態で所有もへったくれもないのだが、そんな若者とは正反対に、人がモノと出会い、いかに選び、どのように楽しみ、それがどんな未来に繋がっていくのか。一つ一つのモノと丁寧に向き合って生きてきた、とある夫婦がいる。その所有の軌跡が収められているのが本書だ。

岡本夫妻は日々なにかを買って買って買いまくっている。特に奥様の敬子さんの見事な買いっぷりはよく伝わる。カゴが好きすぎてクローゼットからはみ出しそうになっているくだりなど、飽くなき買い物魂を感じずにはいられない。そして決して長くはない文章の中に、商品の魅力やディテールが的確に書かれている。だからついつい欲しくなる。それが自分の生活に溶け込むさまを想像してしまう。

それに比べると岡本仁さんの買い物記録は長めだ。そのくせ肝心の商品についての説明は一行で、それ以外のことがたっぷりと書いてあったりする。どんなきっかけで、誰からの紹介で、こんなことを思って、だけど買えなくて、でもひょんなことから手に入って、実はそれが昔好きだったモノと繋がって……。買い物という行為ひとつで、こんなに記憶も時空も行ったり来たりできるのか。岡本さんが綴るのは、買ったモノの紹介ではなく、買い物にまつわる物語だ。

そうか、モノを買うことにも、物語があるのか。私はそんな風に思ったことがなかった。岡本さんは、店の袋欲しさに本当はいらないモノを買ってみたり、冬のはじまりに必要以上にマフラーを買ってしまったり、切手を買うためにわざわざ中央郵便局に行ったり、一度行った店で悩んで買わなかったモノを再来して買ったり（売り切れていて買えなかったり）している。読んでいて、私だったらそこまでしないなーなんて思うことも多い。でも半分くらいの話は、かなり共感できる。なぜならこの本の半分くらいは食にまつわる話だからだ。それも旅先の蜂蜜とか普段飲んでる水、といったいわゆる食品の買い物だけでなく、お気に入りの喫茶店や職場の近くの魚のうまい食堂の話まで書いてある。これも買い物なの？と思う。飲食店での食事は、モノを買うというより一回性の時間を味わう体験であって、それはどちらかというと舞台や映画を観にいくのに近いと思っていた。だけど岡本さんにとっては、飲食店で味わう時間も、モノを買うという行為も、同じように一回性の刺激的な体験なんだろう。
モノからコト、そしてトキへ。そんなことがよく言われるけれど、岡本さんは最初からモノを買うことで起きる出来事や、その場でこそ生まれる時も、味わっていたんだなあと思う。だからこそ、買い物は楽しいのだ。買い物は思いがけないのだ。モノを買うことのあらゆる手間や苦労が省略された時代には触れづらくなってしまった喜びが、本書にはぎっしりと詰まっている。

しかし、買って、買って、買いまくっている彼らの軌跡を読み進めていると、岡本家が次第にモノで溢れかえるイメージが広がって、むしろ「手放す」ことに興味が湧いてくる。その心持ちを見透かされたかのように、最後のページはモノを手放した日の記録だった。自分が持ちきれなくなったモノを、次に必要としている誰かへ手渡していくことのすがすがしい交流が描かれている。
そういえば2015年にも岡本夫妻は「岡本赤札堂」という名で、ご自身の所有物を手放す会をしていた。こけしとかメキシコの人形とか多数のLPレコードとか。今改めて当時のイベントの記録をインスタグラムで追っていくと、その企画には英語でサブコピーがつけられていた。

ALL THINGS MUST PASS.
すべてのものは通り過ぎるべきもの。

ああ、そうか。岡本さんだって知っていたんじゃないか。全てが通り過ぎるべきものであることを。ずっとここにはないことを。でもそれをわかって、その刹那も引き受けて、その物語に関与することを自ら選んできたのだ。「モノは持ち主を変えて流れていくことで古びず輝きを増していくはずです」。これは岡本さん自身の言葉だ。岡本さんの買い物は、そのモノに責任を持って関わり、その物語を言葉に残し、そしてまた誰かへと受け継いでいくことだった。それはモノの延命とでも言うべき行為であり、驚くほど消費の対極にあるものだった。

岡本 仁　編集者

北海道夕張市生まれ。テレビ局を経てマガジンハウスに入社、雑誌『ブルータス』『リラックス』『クウネル』などの編集に携わる。2009年よりランドスケーププロダクツにてプランニングや編集を担当。近年はキュレーションなども手掛ける。著書に『東京ひとり歩き ぼくの東京地図。』『また旅。』『果てしのない本の話』ほか多数。
Instagram:@manincafe

岡本敬子　服飾ディレクター

東京都生まれ。国内外のブランドのPRを経て独立する。2010年に自身のブランド「KO」をスタート。現在は「nanadecor」とコラボレーションしたリラックスウェア「KO Collection」のデザインと、セレクトショップ「Pili」のディレクターを務める。著書に『好きな服を自由に着る』。mi-molletでコラム連載中。
Instagram: @ kamisan_sun

カバー装画

猪熊弦一郎　《角と丸 BX》 1977年

丸亀市猪熊弦一郎現代美術館 所蔵

デザイン―**小野英作**

本書は二〇〇五年刊行の
「今日の買い物。」（プチグラパブリッシング）に
一部加筆・修正を加えています。

※本書掲載の商品名、お問い合わせ先などの情報は本書刊行時のものであり、変更になる可能性があります。
※本書掲載の商品の多くは私物です。既に生産が終了しているもの、一点もの、外国で購入したものなどはお求めになれない場合があります。

今日の買い物［新装版］

二〇一九年九月二六日　第一刷発行

著者——岡本仁　岡本敬子

発行者——渡瀬昌彦

発行所——株式会社 講談社
〒一一二-八〇〇一
東京都文京区音羽二-一二-二一
電話　〇三-五三九五-三八一四（編集）
〇三-五三九五-三六〇三（販売）
〇三-五三九五-三六一五（業務）

印刷所——大日本印刷株式会社

製本所——大口製本印刷株式会社

ISBN 978-4-06-517487-6